EL ALQUIMISTA PETRIFICADO

Datos Curiosos de la Ciencia en
Tormentas de Tungstenos

@IngenieriaQuimica

Descargo de responsabilidad

Este libro ha sido creado para divulgar conocimientos sobre la química y sus maravillas, presentando curiosidades científicas, datos fascinantes y experimentos intrigantes. Se ofrece con la comprensión de que los autores no están comprometidos a prestar servicios profesionales en los campos de asesoramiento científico, técnico o de seguridad.

Si se requiere asesoramiento especializado o se pretende realizar experimentos complejos, se debe buscar la asistencia de un profesional competente. **"El Alquimista Petrificado: Datos Curiosos de la Ciencia en Tormentas de Tungstenos"** no pretende ser una fuente exhaustiva de conocimiento químico, sino un complemento que busca expandir y enriquecer la comprensión del lector sobre el fascinante mundo de la química.

Se anima a los lectores a consultar una variedad de fuentes y adaptar las prácticas y experimentos propuestos en este libro a sus capacidades, recursos y condiciones de seguridad individuales. La exploración científica requiere curiosidad, pero también un compromiso significativo con la seguridad, la precisión y la responsabilidad.

Los autores y editores no asumen ninguna responsabilidad por las acciones, decisiones o resultados obtenidos por los lectores en base a este material. Cada individuo es responsable de sus propias decisiones, acciones y seguridad al realizar experimentos.

"No basta con que seas capaz de interpretar los fenómenos naturales; debes aprender de ellos para entender el universo interior."

– **Marie Curie**

Tabla de Contenido

¿Por qué el océano es salado?

Por qué el mar es salado (aunque la mayoría de los lagos no lo son)

En las Antillas Holandesas, el agua es tan salada que cristaliza formando sal. El océano contiene mucho sodio y cloruro, que forman la sal.

¿Alguna vez te has preguntado por qué el océano es salado? ¿Te has preguntado por qué es posible que los lagos no sean salados? He aquí un vistazo a lo que hace que el océano sea salado y por qué otros cuerpos de agua tienen una composición química diferente .

Conclusiones clave: ¿Por qué el mar está salado?

- Los océanos del mundo tienen una salinidad bastante estable de aproximadamente 35 partes por mil. Las principales sales incluyen cloruro de sodio disuelto, sulfato de magnesio, nitrato de potasio y bicarbonato de sodio. En el agua, se trata de cationes de sodio, magnesio y potasio, y aniones de cloruro, sulfato, nitrato y carbonato.

- La razón por la que el mar es salado es porque es muy antiguo. Los gases de los volcanes se disolvieron en el agua, volviéndola ácida. Los ácidos disolvieron minerales de la lava y produjeron iones. Más recientemente, los iones de las rocas erosionadas entraron al océano a medida que los ríos desembocaban en el mar.

- Si bien algunos lagos son muy salados (alta salinidad), otros no tienen un sabor salado porque contienen bajas cantidades de iones de sodio y cloruro (sal de mesa). Otros están más diluidos simplemente porque el agua drena hacia el mar y es reemplazada por agua dulce de lluvia u otras precipitaciones.

Por qué el mar es salado

Los océanos existen desde hace mucho tiempo, por lo que algunas de las sales se agregaron al agua en un momento en que los gases y la lava arrojaban debido al aumento de la actividad volcánica. El dióxido de carbono disuelto en el agua de la atmósfera forma ácido carbónico débil que disuelve los minerales . Cuando estos minerales se disuelven, forman iones que hacen que el agua sea salada. Mientras el agua se evapora del océano, la sal queda atrás. Además, los ríos desembocan en los océanos, trayendo iones adicionales de las rocas erosionadas por el agua de lluvia y los arroyos.

La salinidad del océano, o su salinidad, es bastante estable en aproximadamente 35 partes por mil. Para darle una idea de cuánta sal es, se estima que si sacara toda la sal del océano y la esparciera sobre la tierra, la sal formaría una capa de más de 500 pies (166 m) de profundidad. Se podría pensar que el océano se volvería cada vez más salado con el tiempo, pero parte de la razón por la que no es así es porque muchos de los iones del océano son absorbidos por los organismos que viven en él. Otro factor puede ser la formación de nuevos minerales.

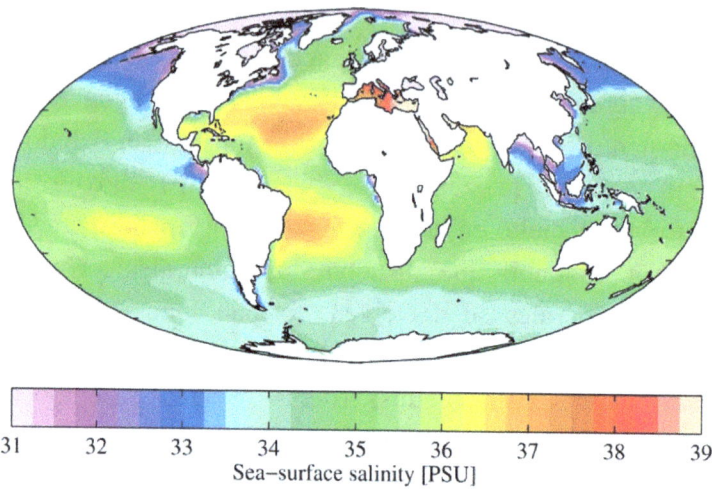

Salinidad media anual de la superficie del mar del Atlas Mundial de los Océanos de 2009. La salinidad se expresa en unidades prácticas de salinidad (PSU). Plombagina

Salinidad de los lagos

Así, los lagos obtienen agua de arroyos y ríos. Los lagos están en contacto con el suelo. ¿Por qué no son salados? Bueno, ¡algunos lo son! Piense en el Gran Lago Salado y el Mar Muerto . Otros lagos, como los Grandes Lagos, están llenos de agua que contiene muchos minerales, pero no tiene un sabor salado. ¿Por qué es esto? En parte se debe a que el agua tiene un sabor salado si contiene iones de sodio e iones de cloruro. Si los minerales asociados a un lago no contienen mucho sodio, el agua no será muy salada. Otra razón por la que los lagos tienden a no ser salados es porque el agua a menudo abandona los lagos para continuar su viaje hacia el mar . Según un artículo del Science Daily , una gota de agua y sus iones asociados permanecerán en uno de los Grandes Lagos durante unos 200 años. Por otro lado, una gota de agua y sus sales pueden permanecer en el océano entre 100 y 200 millones de años.

El lago más diluido del mundo es Lae Notasha, ubicado cerca de la cresta de la Cascada de Oregón en Oregón, Estados Unidos. Su conductividad oscila entre 1,3 y 1,6 uS cm^{-1} , siendo el bicarbonato el anión dominante. Si bien un bosque rodea el lago, la cuenca parece no contribuir significativamente a la composición iónica del agua. Debido a que el agua está tan diluida, el lago es ideal para monitorear los contaminantes atmosféricos.

¿Has tocado mercurio líquido?

¿Qué sucede cuando tocas mercurio metálico?

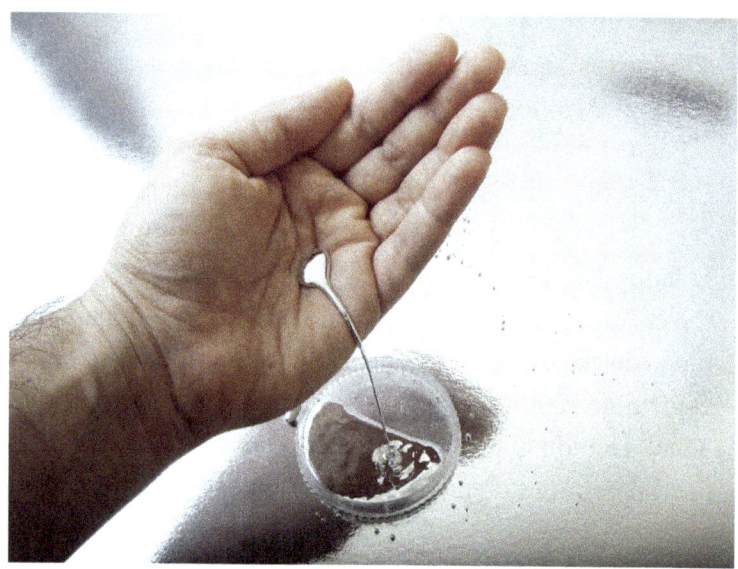

Tocar Mercurio: Si sostienes mercurio en tu mano, lo sentirás pesado y líquido, pero no mojado.

El mercurio es un metal líquido pesado que alguna vez fue común en termómetros y otros equipos. ¿ Alguna vez ha tocado mercurio o ha estado expuesto a él? ¿Estuvo bien o experimentó síntomas o exposición? ¿Lo ignoraste o buscaste atención médica? Aquí hay respuestas de los lectores:

La información es exagerada

El mercurio no se absorbe instantáneamente a través de la piel. El mercurio elemental se absorbe a través de la piel, pero a un ritmo muy lento (muy lentamente). Siempre y cuando no expongas demasiado tu piel al metal y luego te laves las manos, estarás bien. Si algo de mercurio se absorbiera a través de la piel, entonces la cantidad sería tan pequeña que lo orinaría, sin dejar mercurio en el cuerpo y lo que significa que no se acumularía en cantidades dañinas. De hecho, podrías absorber más mercurio comiendo una lata de atún . No estoy tratando de crear una falsa sensación de seguridad con este material, ya que no es algo que debas tener a mano todo el tiempo. Si continúa exponiéndose todos los días, incluso pequeñas cantidades podrían acumularse en cantidades dañinas para el cuerpo, mientras que si lo hiciera un par de veces al mes, no se acumularía. Y en cuanto al vapor, cuando el mercurio está a temperatura ambiente, la tasa de evaporación es de sólo 0,063 ml por hora por cm cuadrado de superficie expuesta de mercurio.

-cris

Jugado con mercurio

El papá de mi papá era un tipo inventor y una vez encontré una botellita con mercurio. Serví un poco y me sorprendí. Me costó mucho conseguir que lo recogieran del mostrador. Le dije a mi papá que lo encontré y él me dijo que no me metiera con él y que es tóxico si se expone por un tiempo prolongado. El mercurio es peligroso y hay que tener cuidado de no exponerse directamente a él durante largos períodos de tiempo, pero el simple hecho de manipularlo no le hará caer muerto. Es como los cigarrillos: mortal tras largos períodos de exposición, pero no vas a morir si entras a un bar lleno de humo y tomas una copa.

— Marco

Las cosas se estropean

Cuando estaba en la escuela primaria, mi profesor de ciencias nos dijo que no tocáramos el mercurio y que no rompiéramos el termómetro. En lugar de eso, fue ella quien lo rompió y el mercurio se derramó sobre mí, por todas mis manos y tal vez por mi cara. No estoy seguro porque pasó demasiado rápido. Estaba demasiado conmocionado para tomar medidas inmediatas, así que todo lo que hice fue lavarme bien las manos. No estoy seguro si eso es suficiente.

— belleza de cocodrilo

Riesgo de mercurio

Toqué el mercurio en el pasado, antes de que fuera regulado. Es algo divertido. Todos lo sabemos mejor ahora, pero necesito intervenir sobre los riesgos reales. El riesgo del mercurio elemental es la ingestión y la inhalación. La ingestión es un riesgo "normal", similar al de otros productos químicos y limpiadores tóxicos, y no se debe ingerir. La presión de vapor del mercurio es tan baja a temperatura ambiente que existe muy poco riesgo de inhalación. Si se lava las manos después de manipularlo, los riesgos son muy bajos. Pero si lo bajas un poco, podría atomizarse y los riesgos de inhalación aumentan considerablemente. Además, si se calienta, como en la minería artesanal de oro, los riesgos son altos. Entonces, estoy de acuerdo, cuando el mercurio caiga o se vaporice, evacue el edificio. La forma más problemática y tóxica del mercurio, el metilmercurio, que se bioacumula, puede tener graves consecuencias para la salud, especialmente para los jóvenes y los no nacidos. Según el Blacksmith Institute, un tercio del mercurio del medio ambiente se debe a las minas de oro artesanales.

—jbd

La gente pensaba que era un elixir

Jack London solía frotarse con él creyendo que le curaría de sus enfermedades. No hace falta decir que desarrolló envenenamiento por mercurio, pero eso ocurrió a lo largo de muchos años. Así que estoy seguro de que tocarlo una vez no te hará daño en absoluto.

— Chris

Demonios si

Probablemente fue la cosa más divertida que hice en mi vida y no soy Brian Damajed.

— Jugador

Toqué mercurio líquido

No fue intencional ni planeado, pero cuando uno de nuestros termómetros en el laboratorio se rompió, encontramos el momento adecuado para vivir la experiencia mientras intentábamos recolectar los pedazos pequeños . La experiencia de ver los pedazos pequeños convertidos en grandes y romperlos nuevamente en pedazos pequeños fue algo interesante, si no sorprendente, para nosotros durante nuestro primer año.

- Isabel

Kentucky

No puedo imaginar que haya tanta gente estúpida que crea que tocar el mercurio los mataría. Cuando estaba en la escuela secundaria, derramamos una botella de medio litro de mercurio al suelo. Tomamos papel de cuaderno, lo juntamos en un montón, lo recogimos y lo volvemos a meter en la botella. Ninguno de nosotros murió; de hecho, la mayoría de nosotros ahora estamos muy bien y tenemos más de 75 años. Nuestra escuela local rompió un termómetro y la escuela fue evacuada, cerrada y se llamó a un equipo de respuesta química para limpiar el mercurio.

- viejo compañero

Hermoso elemento interesante

Jugué con él cuando era niño y en la escuela secundaria, pero nunca estuve rodeado de humo. Ahora tengo 60 años, estoy sano y estoy enseñando.

— localablady

¡Me encantaron esas pequeñas cuentas mágicas!

En la escuela primaria, a principios de los años 60, nos dieron mercurio como experimento práctico . Tócalo y estalla en bolitas, las redondeas y se funden en una más grande. ¡Tengo 56 años y estoy bastante sano! También recuerdo que me dieron un tubo de porquería del que podías exprimir una gota, inflarla hasta convertirla en un globo y cerrarla con pellizcos. ¡Probablemente estaba lleno de plomo! ¿Cómo sobrevivimos a una infancia tan "enfermiza"?

- Ruta

¡Con seguridad!

Cuando estaba en la escuela primaria, pertenecía a un "club de ciencia" informal. Solíamos estudiar diversos temas científicos y realizar experimentos de bajo costo. Un miembro tenía algo de mercurio en una botella que pusimos en un recipiente y jugamos con los dedos, dividiéndolo en gotas más pequeñas y luego reuniéndolo. ¡No nos dimos cuenta entonces de que no era una buena idea! ¿Quizás podría explicar algunos de mis problemas digestivos ahora...?

—Steve

Mercurio, plomo, amianto, etc.

Froté monedas con mercurio, hice soldados de plomo y las tuberías de agua de nuestras casas eran de plomo. Cuando trabajé en un laboratorio grande durante dos años, cuando tenía poco más de veinte años, mezclamos asbesto, harina y agua para aislar nuestro equipo. El interior de nuestras narices estaba blanco de amianto. Un amigo mío que tenía antecedentes similares murió hace dos años de un ataque cardíaco no relacionado con el mercurio. Tengo 80 años y no tengo problemas de salud conocidos.

—Nomar

Termómetros

Cuando era niño, antes de que existieran los termómetros espirituales, las distintas compañías petroleras y compañías de seguros solían enviar calendarios de escritorio con pequeños termómetros en un lado. Recogía tantos como podía, los abría y perseguía las bolas de mercurio durante horas, haciéndolas rodar en mi mano y por el suelo. Había acumulado una cantidad considerable de Hg en varios años de múltiples calendarios. La única advertencia que recibí fue que mamá me dijo: "No comas esas cosas".

—Rouxgaroux

Mercurio

Tengo 80 años, así que por supuesto toqué mercurio en el laboratorio de química. Fue una excelente manera de hacer que las monedas de diez centavos de plata fueran nuevas y brillantes.

—C Bryant Moore

Al final lo consiguió un ladrón.

En química en la escuela secundaria , accidentalmente encontré un anillo con una piedra de nacimiento azul que era dorada . Se volvió plateado. Estuvo así hasta que un ladrón me lo robó cuando estaba en la universidad. Por suerte, no era un anillo muy caro ni algo que usara mucho. Estábamos jugando con el mercurio en nuestros escritorios por sugerencia de nuestro maestro cuando

esto ocurrió. No hubo advertencias sobre toxicidad en ese momento (hace mucho tiempo).
—NANCYJMG

Mercurio

Sí, de hecho conocí a un tipo que quedó atrapado en un recipiente de Hg hasta la cintura. Sus botas de agua estaban llenas y no podía moverse. Antes de que ayudara a rescatarlo, se cayó a 3 pies de Hg de profundidad. No se ahogó. Estaba bien después de esto, pero sus niveles de mercurio en la orina estaban muy por encima de los límites seguros. -david bradbury

En la secundaria

Tuve un poco en la palma de mi mano durante unos cinco minutos cuando estaba en la escuela secundaria. Sin saber nada al respecto, no tenía idea de por qué mi mano se puso roja .

- Édgar

¿Alguna vez he tocado Mercurio?

Maldita sea, apuesto. Era el juguete de todos los profesores de ciencias después de hacer estallar magnesio en agua. El peligro del mercurio es la exposición prolongada a su vapor. La mayoría de las salas de química tienen una gota de mercurio fluyendo alrededor de los tableros de su trapeador. Levántelos y ¡guau!, si la agencia ambiental viera eso. Solía hacer flotar un lanzamiento de peso en medio galón de mercurio hasta que enviaron a los chicos de materiales peligrosos y me quitaron el juguete. Ahora simplemente exploto magnesio. ¿ Alguien sabe dónde puedo conseguir fósforo ?

—epearsonjr

¿Vínculo entre Mercurio y la depresión?

En la escuela primaria, cada uno de nosotros tenía algunos en nuestro escritorio TODO el tiempo para jugar. Cuando trabajé en la Universidad de Newcastle como asistente de investigación en Química, pasé 3 años usando voltametría de separación anódica en la investigación de ciertos compuestos. Siempre estaba limpiando mercurio, limpiando pequeños derrames y algunas veces llegué al laboratorio por la mañana y encontré que el sello del contenedor de almacenamiento de mercurio de la máquina se había roto y el piso del laboratorio estaba cubierto con una fina capa de mercurio. - todo lo cual tuve que limpiar. Esto fue hace bastantes años, antes de todas las nuevas leyes de SST, y este laboratorio era completamente interno y no tenía extractores. Sí, todavía estoy vivo a los 62 años, pero tengo una forma rara de depresión para la cual sólo existe una forma de medicación para mantenerla bajo control. He perdido el sentido del olfato y también el gusto. No estoy seguro si esto es el resultado de eso o de haber trabajado en laboratorios químicos toda mi vida.
—Pamela

Jugó con mercurio

Cuando era un niño en edad de escuela secundaria, nos quitaron una vieja caldera de aceite y al retirarla había aproximadamente medio litro de mercurio líquido. Lo pedí y me lo dieron. durante meses lo vertimos sobre nuestras manos y brazos, empapamos nuestras monedas de un centavo para que parecieran plateados, etc. Como resultado, terminé especializándome en química en la universidad y la enseñé durante 30 años. Hasta el momento no se conocen efectos nocivos y tengo casi 60 años.

—Jon

Seguro que lo hice

Cuando tenía unos 10 años, rompí un termómetro y lo limpié con los dedos. También estuve expuesto a otros venenos como parte de la investigación agrícola universitaria. Ahora tengo EM. Estoy seguro de que los venenos activaron mi gen de EM.

- Juan

Claro, muchas veces

Como una pareja arriba, solíamos empujarlo. Principalmente en nuestros escritorios en la escuela. No recuerdo dónde ni cómo lo conseguimos, pero creo que estaba en una especie de botella y no en un termómetro roto. No lo untamos con centavos. Eso parece extraño. Lo untamos sobre monedas de diez centavos, ya que eso mantenía el mismo color pero hacía que la moneda de diez centavos brillara mucho. Esto fue en los años 50 y no recuerdo que nadie pensara que era peligroso. También recuerdo haber echado sodio al agua y haber sacado fósforo del agua y dejarlo encender mientras se secaba.

- hablador

Termómetro roto

Cuando era niño, me encantaba jugar con mercurio. Recuerdo juntar las esferas pequeñas para formar una esfera más grande. Yo era un niño de los años 60 y no éramos conscientes de los peligros. No recuerdo ninguna advertencia sobre el mercurio hasta quizás los años 70. No recuerdo ningún problema que haya ocurrido en ese momento ni desde entonces.

- Ana M.

¡Sí, he jugado con él!

Cuando éramos niños de escuela primaria en la década de 1950, siempre jugábamos con mercurio. Me encantó dejarlo caer sobre el escritorio en muchas cuentas pequeñas y luego juntarlas todas para formar una cuenta más grande. Nadie nos dijo que fuera malo.

—risas11

La forma de mercurio genera toxicidad

El mercurio existe como <u>vapor</u> (Hg elemental gaseoso), como líquido (Hg elemental), como especie reactiva (Hg2+) y como metilmercurio orgánico (MeHg). La forma dicta la toxicidad. El más tóxico es la inhalación de mercurio gaseoso. Va directo al cerebro y causa locura. La ingestión de mercurio líquido no es muy tóxica. Cualquier texto básico de química ambiental dirá que alrededor del 7% permanece en el cuerpo, mientras que el 93% se excreta. Incluso si se continúa ingiriendo mercurio, no provocará locura pero sí podría provocar insuficiencia renal. Introducir unas cuantas bolas de Hg de un termómetro en la boca no es una buena idea, pero no es probable que le haga daño. Las bacterias transforman el mercurio inorgánico en MeHg, que se acumula en la cadena alimentaria. Comer muchos mariscos altamente contaminados puede causar problemas del sistema nervioso en fetos y bebés. Es poco probable que cause daño a los adultos. Los compuestos inorgánicos y el MeHg se metabolizan, con una vida media de aproximadamente 70 días. Exceptuando la inhalación, sólo las dosis masivas y continuas son tóxicas.

— Kendra_Zamzow

Conozca el pH de las sustancias químicas comunes

El pH del jugo de limón es de alrededor de 2, lo que hace que esta fruta sea muy ácida.

El pH es una medida de cuán ácida o básica es una sustancia química cuando está en una solución acuosa (agua) . Un valor de pH neutro (ni ácido ni base) es 7. Las sustancias con un pH superior a 7 hasta 14 se consideran bases. Las sustancias químicas con un pH inferior a 7 hasta 0 se consideran ácidos . Cuanto más cercano esté el pH a 0 o 14, mayor será su acidez o basicidad, respectivamente. Aquí hay una lista del pH aproximado de algunos químicos comunes.

Conclusiones clave: pH de las sustancias químicas comunes

- El pH es una medida de cuán ácida o básica es una solución acuosa. El pH suele oscilar entre 0 (ácido) y 14 (básico). Un valor de pH alrededor de 7 se considera neutro.
- El pH se mide utilizando papel de pH o un medidor de pH.
- La mayoría de las frutas, verduras y fluidos corporales son ácidos. Mientras que el agua pura es neutra, el agua natural puede ser ácida o básica. Los limpiadores tienden a ser básicos.

pH de los ácidos comunes

Las frutas y verduras tienden a ser ácidas. Los cítricos, en particular, son ácidos hasta el punto de que pueden erosionar el esmalte dental. A menudo se considera que la leche es neutra, ya que es sólo ligeramente ácida. La leche se vuelve más ácida con el tiempo. El pH de la orina y la saliva es ligeramente ácido, alrededor de un pH de 6. La piel, el cabello y las uñas humanas tienden a tener un pH de alrededor de 5.

0 - Ácido clorhídrico (HCl)

1,0 - Ácido de batería (H_2SO_4 ácido sulfúrico) y ácido del estómago

2,0 - Jugo de limón

2,2 - Vinagre

3,0 - Manzanas, refrescos

3,0 a 3,5 - Chucrut

3,5 a 3,9 - Encurtidos

4,0 - Vino y cerveza

4,5 - Tomates

4,5 a 5,2 - Plátanos

alrededor de 5,0 - Lluvia ácida

5,0 - Café negro

5,3 a 5,8 - Pan

5,4 a 6,2 - Carnes rojas

5,9 - Queso Cheddar

6,1 a 6,4 - Mantequilla

6,6 - Leche

6,6 a 6,8 - Pescado

Productos químicos de pH neutro

El agua destilada tiende a ser ligeramente ácida debido al dióxido de carbono y otros gases disueltos. El agua pura es casi neutra, pero el agua de lluvia tiende a ser ligeramente ácida. El agua natural rica en minerales tiende a ser alcalina o básica.

7.0 - Agua Pura

pH de las bases comunes

Muchos limpiadores comunes son básicos. Por lo general, estos químicos tienen un pH muy alto. La sangre es casi neutra, pero ligeramente básica.

7,0 a 10 - Champú

7,4 - Sangre humana

7,4 - Lágrimas humanas

7,8 - Huevo

aproximadamente 8 - Agua de mar

8,3 - Bicarbonato de sodio (bicarbonato de sodio)

aproximadamente 9 - Pasta de dientes

10,5 - Leche de magnesia

11,0 - Amoníaco

11,5 a 14 - Productos químicos para alisar el cabello

12,4 - Cal (Hidróxido de calcio)

13,0 - Lejía

14,0 - Hidróxido de sodio (NaOH)

Otros valores de pH

El pH del suelo oscila entre 3 y 10. La mayoría de las plantas prefieren un pH entre 5,5 y 7,5. El ácido del estómago contiene ácido clorhídrico y otras sustancias y tiene un valor de Conclusiones clave: ¿Por qué el mar está salado? pH de 1,2. Si bien el agua pura libre de gases no disueltos es neutra, no mucho más lo es. Sin embargo, se pueden preparar soluciones tampón para mantener un pH cercano a 7. Disolver sal de mesa (cloruro de sodio) en agua no cambia su pH.

Cómo medir el pH

Hay varias formas de probar el pH de sustancias.

El método más sencillo es utilizar tiras reactivas de papel de pH. Puede hacerlos usted mismo usando filtros de café y jugo de repollo, use papel tornasol u otras tiras reactivas. El color de las tiras reactivas corresponde a un rango de pH. Debido a que el cambio de color depende del tipo de tinte indicador utilizado para recubrir el papel, el resultado debe compararse con una tabla de estándares.

Otro método consiste en extraer una pequeña muestra de una sustancia, aplicar gotas de indicador de pH y observar el cambio de la prueba. Muchos productos químicos domésticos son indicadores naturales del pH.

Hay kits de prueba de pH disponibles para probar líquidos. Por lo general, están diseñados para una aplicación particular, como acuarios o piscinas. Los kits de prueba de pH son bastante precisos, pero pueden verse afectados por otras sustancias químicas en una muestra.

El método más preciso para medir el pH es utilizar un medidor de pH. Los medidores de pH son más caros que los kits o los papeles de prueba y requieren calibración, por lo que generalmente se usan en escuelas y laboratorios.

Nota sobre seguridad

Los productos químicos que tienen un pH muy bajo o muy alto suelen ser corrosivos y pueden producir quemaduras químicas. Está bien diluir estos químicos en agua pura para probar su pH. El valor no cambiará, pero se reducirá el riesgo.

Comprender el concepto de criogenia

Qué es la criogenia y cómo se utiliza

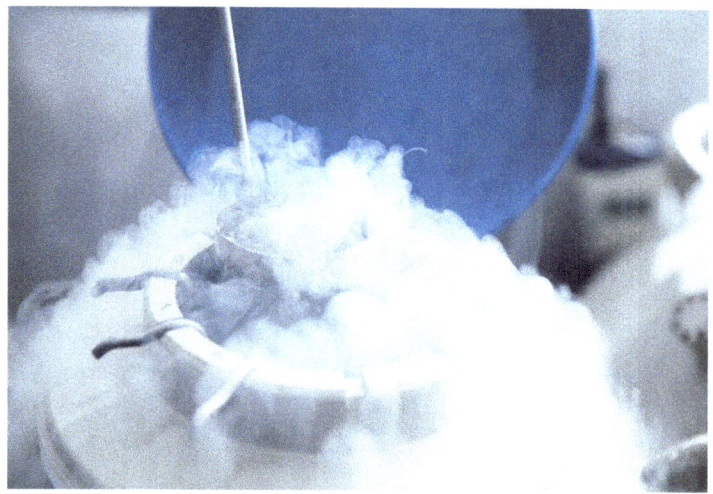

El nitrógeno líquido es un buen ejemplo de fluido criogénico. Biblioteca de fotografías científicas

La criogenia se define como el estudio científico de los materiales y su comportamiento a temperaturas extremadamente bajas . La palabra proviene del griego crio , que significa "frío", y génico , que significa "producir". El término suele encontrarse en el contexto de la física, la ciencia de los materiales y la medicina. Al científico que estudia la criogenia se le llama criogenista. Un material criogénico puede denominarse criógeno . Aunque las temperaturas frías se pueden informar utilizando cualquier escala de temperatura, las escalas Kelvin y Rankine son las más comunes porque son escalas absolutas que tienen números positivos.

Exactamente qué tan fría debe estar una sustancia para ser considerada "criogénica" es un tema de debate por parte de la comunidad científica. El Instituto Nacional de Estándares y Tecnología (NIST) de EE. UU. considera que la criogenia incluye temperaturas inferiores a -180 °C (93,15 K; -292,00 °F), que es una temperatura por encima de la cual los refrigerantes comunes (p. ej., sulfuro de hidrógeno, freón) son gases y por debajo del cual los "gases permanentes" (por ejemplo, aire, nitrógeno, oxígeno, neón, hidrógeno, helio) son líquidos. También existe un campo de estudio llamado "criogenia de alta temperatura", que involucra temperaturas por encima del punto de ebullición del nitrógeno líquido a presión ordinaria (−195,79 °C (77,36 K; −320,42 °F), hasta −50 °C (223,15 K; -58,00 °F).

Para medir la temperatura de los criógenos se necesitan sensores especiales. Los detectores de temperatura de resistencia (RTD) se utilizan para tomar mediciones de temperatura tan bajas como 30 K. Por debajo de 30 K, a menudo se utilizan diodos de silicio. Los detectores de partículas criogénicas son sensores que funcionan unos pocos grados por encima del cero absoluto y se utilizan para detectar fotones y partículas elementales.

Los líquidos criogénicos normalmente se almacenan en dispositivos llamados matraces Dewar. Son contenedores de doble pared que tienen un vacío entre las paredes para aislarlos. Los matraces Dewar destinados a ser utilizados con líquidos extremadamente fríos (por ejemplo, helio líquido) tienen un recipiente aislante adicional lleno de nitrógeno líquido. Los matraces Dewar llevan el nombre de su inventor, James Dewar. Los matraces permiten que el gas escape del recipiente para evitar que la presión se acumule y hierva, lo que podría provocar una explosión.

Fluidos criogénicos

Los siguientes fluidos se utilizan con mayor frecuencia en criogenia:

Líquido	Punto de ebullición (K)
Helio-3	3.19
Helio-4	4.214
Hidrógeno	20.27
Neón	27.09
Nitrógeno	77,36
Aire	78,8
Flúor	85,24
Argón	87,24
Oxígeno	90.18
Metano	111,7

Usos de la criogenia

Hay varias aplicaciones de la criogenia. Se utiliza para producir combustibles criogénicos para cohetes, incluidos hidrógeno líquido y oxígeno líquido (LOX). Los fuertes campos electromagnéticos necesarios para la resonancia magnética nuclear (RMN) suelen producirse mediante electroimanes sobreenfriados con criógenos. La resonancia magnética (MRI) es una aplicación de la RMN que utiliza helio líquido . Las cámaras infrarrojas frecuentemente requieren enfriamiento criogénico. La congelación criogénica de alimentos se utiliza para transportar o almacenar grandes cantidades de alimentos. El nitrógeno líquido se utiliza para producir niebla para efectos especiales e incluso cócteles y comidas especiales. Congelar materiales usando criógenos puede hacerlos lo suficientemente frágiles como para romperlos en pedazos pequeños para reciclarlos. Las temperaturas criogénicas se utilizan para almacenar muestras de tejido y sangre y para preservar muestras experimentales. El enfriamiento criogénico de superconductores puede utilizarse para aumentar la transmisión de energía eléctrica en las grandes ciudades. El procesamiento criogénico se utiliza como parte de algunos tratamientos de aleaciones y para facilitar reacciones químicas a baja temperatura (p. ej., para fabricar estatinas).La criomolienda se utiliza para moler materiales que pueden ser demasiado blandos o elásticos para molerse a temperaturas normales. El enfriamiento de moléculas (hasta cientos de nano Kelvins) puede usarse para formar estados exóticos de la materia. El Laboratorio de Átomo Frío (CAL) es un instrumento diseñado para su uso en microgravedad para formar condensados de Bose Einstein (alrededor de 1 pico Kelvin de temperatura) y probar leyes de la mecánica cuántica y otros principios de la física.

Disciplinas criogénicas

La criogenia es un campo amplio que abarca varias disciplinas, que incluyen:

- **Criónica:** la criónica es la criopreservación de animales y humanos con el objetivo de revivirlos en el futuro.

- **Criocirugía:** esta es una rama de la cirugía en la que se utilizan temperaturas criogénicas para matar tejidos malignos o no deseados, como células cancerosas o lunares.

- **Crioelectrónica:** este es el estudio de la superconductividad, los saltos de rango variable y otros fenómenos electrónicos a baja temperatura. La aplicación práctica de la crioelectrónica se denomina criotrónica .

- **Criobiología:** es el estudio de los efectos de las bajas temperaturas en los organismos, incluida la preservación de organismos, tejidos y material genético mediante criopreservación .

Dato curioso sobre la criogenia

Mientras que la criogenia normalmente implica temperaturas por debajo del punto de congelación del nitrógeno líquido pero por encima del cero absoluto, los investigadores han logrado temperaturas por debajo del cero absoluto (las llamadas temperaturas Kelvin negativas). En 2013, Ulrich Schneider, de la Universidad de Munich (Alemania), enfrió gas por debajo del cero absoluto, lo que supuestamente lo calentó en lugar de enfriarlo

¿El agua de lluvia es limpia y segura para beber?

¿Alguna vez te has preguntado si es seguro beber agua de lluvia? La respuesta corta es: a veces. A continuación se explica cuándo no es seguro beber agua de lluvia, cuándo se puede beber y qué se puede hacer para que sea más segura para el consumo humano.

Conclusiones clave: ¿Puedes beber lluvia?

- La mayor parte de la lluvia es perfectamente potable y puede ser incluso más limpia que el suministro público de agua.
- El agua de lluvia está tan limpia como su recipiente.
- Sólo se debe recoger para beber la lluvia que haya caído directamente del cielo. No debería haber tocado plantas ni edificios.
- Hervir y filtrar el agua de lluvia hará que sea aún más seguro beberla.

Cuando no deberías beber agua de lluvia

La lluvia atraviesa la atmósfera antes de caer al suelo, por lo que puede recoger cualquier contaminante del aire. No querrás beber la lluvia de sitios radiactivos calientes, como Chernobyl o alrededor de Fukushima. No es una buena idea beber agua de lluvia que cae cerca de plantas químicas o cerca de los penachos de plantas de energía, fábricas de papel, etc. No beba agua de lluvia que se haya escurrido de plantas o edificios porque podría recoger químicos tóxicos de estas superficies. Del mismo modo, no recoja el agua de lluvia de los charcos ni en recipientes sucios.

Agua de lluvia segura para beber

La mayor parte del agua de lluvia es segura para beber. En realidad, el agua de lluvia es el suministro de agua para gran parte de la población mundial. Los niveles de contaminación , polen, moho y otros contaminantes son bajos, posiblemente más bajos que los del suministro público de agua potable. Tenga en cuenta que la lluvia recoge niveles bajos de bacterias, así como polvo y ocasionalmente partes de insectos, por lo que es posible que desee tratar el agua de lluvia antes de beberla.

Hacer que el agua de lluvia sea más segura

Dos pasos clave que puedes tomar para mejorar la calidad del agua de lluvia son hervirla y filtrarla. Hervir el agua eliminará los patógenos. La filtración, por ejemplo a través de una jarra de filtración de agua en el hogar, eliminará productos químicos, polvo, polen, moho y otros contaminantes.

La otra consideración importante es cómo se recolecta el agua de lluvia. Puedes recoger el agua de lluvia directamente del cielo en un balde o recipiente limpio.

Lo ideal es utilizar un recipiente desinfectado o pasado por un lavavajillas. Deje reposar el agua de lluvia durante al menos una hora para que las partículas pesadas puedan depositarse en el fondo.

Alternativamente, puedes pasar el agua a través de un filtro de café para eliminar los residuos. Aunque no es necesario, refrigerar el agua de lluvia retardará el crecimiento de la mayoría de microorganismos que pueda contener.

¿Qué pasa con la lluvia ácida?

La mayor parte del agua de lluvia es naturalmente ácida, con un pH promedio de alrededor de 5,0 a 5,5. de la interacción entre el agua y el dióxido de carbono en el aire. Esto no es peligroso. De hecho, el agua potable rara vez tiene un pH neutro porque contiene minerales disueltos. El agua pública aprobada puede ser ácida, neutra o básica, según la fuente del agua. Para poner el pH en perspectiva, el café elaborado con agua neutra tiene un pH alrededor de 5.El jugo de naranja tiene un pH más cercano a 4. La lluvia verdaderamente ácida que evitarías beber podría caer alrededor de un volcán activo. De lo contrario, la lluvia ácida no es una consideración seria.

¿Cuál es el superácido más fuerte del mundo?

Lo que necesitas saber sobre el ácido fluoroantimónico

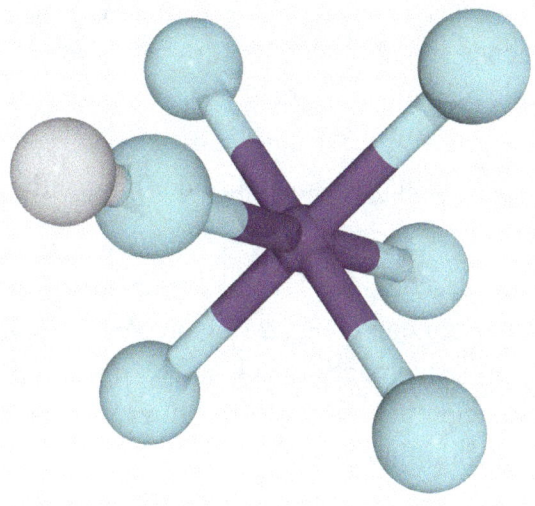

Ésta es la estructura química bidimensional del ácido fluoroantimónico, el superácido más fuerte.

Quizás estés pensando que el ácido en la sangre alienígena en la popular película es bastante descabellado, pero la verdad es que ¡hay un ácido que es aún más corrosivo! Conozca el superácido más fuerte del mundo: el ácido fluoroantimónico.

Superácido más fuerte

El superácido más fuerte del mundo es el ácido fluoroantimónico, $HSbF_6$. Se forma mezclando fluoruro de hidrógeno (HF) y pentafluoruro de antimonio (SbF_5). Varias mezclas producen el superácido, pero mezclar proporciones iguales de los dos ácidos produce el superácido más fuerte conocido por el hombre.

Propiedades del superácido del ácido fluoroantimónico

- Se descompone rápida y explosivamente al contacto con el agua. Debido a esta propiedad, el ácido fluoroantimónico no se puede utilizar en solución acuosa. Sólo se utiliza en una solución de ácido fluorhídrico.

- Desprende vapores altamente tóxicos. A medida que aumenta la temperatura, el ácido fluoroantimónico se descompone y genera gas fluoruro de hidrógeno (ácido fluorhídrico).

- El ácido fluoroantimónico es 2×10^{19} (20 quintillones) de veces más fuerte que el ácido sulfúrico al 100% . El ácido fluoroantimónico tiene un valor de H_0 (función de acidez de Hammett) de -31,3.

- Disuelve el vidrio y muchos otros materiales y protona casi todos los compuestos orgánicos (como todo lo que hay en el cuerpo). Este ácido se almacena en recipientes de PTFE (politetrafluoroetileno).

¿Para qué se usa esto?

Si es tan tóxico y peligroso , ¿por qué alguien querría tener ácido fluoroantimónico? La respuesta está en sus propiedades extremas. El ácido fluoroantimónico se utiliza en ingeniería química y química orgánica para protonar compuestos orgánicos, independientemente de su disolvente. Por ejemplo, el ácido se puede utilizar para eliminar H2 del isobutano y metano del neopentano. Se utiliza como catalizador para alquilaciones y acilaciones en petroquímica. Los superácidos en general se utilizan para sintetizar y caracterizar carbocationes.

Reacción entre el ácido fluorhídrico y el pentafluoruro de antimonio

La reacción entre el fluoruro de hidrógeno y el pentrafluoruro de antimonio que forma ácido fluoroantimónico es exotérmica . $HF + SbF^5 \rightarrow H + SbF^6$-

El ion hidrógeno (protón) se une al flúor mediante un enlace dipolar muy débil. El enlace débil explica la extrema acidez del ácido fluoroantimónico, lo que permite que el protón salte entre grupos de aniones.

¿Qué hace que el ácido fluoroantimónico sea un superácido?

Un superácido es cualquier ácido que sea más fuerte que el ácido sulfúrico puro, H_2SO_4 . Por más fuerte, significa que un superácido dona más protones o iones de hidrógeno en el agua o tiene una función de acidez de Hammet H0 inferior a -12. La función de acidez de Hammet para el ácido fluorantimónico es H0 = -28.

Otros superácidos

Otros superácidos incluyen los superácidos carborano [por ejemplo, $H(CHB_{11} Cl_{11})$] y ácido fluorosulfúrico ($HFSO_3$). Los superácidos de carborano pueden considerarse el ácido solista más fuerte del mundo, ya que el ácido fluoroantimónico es en realidad una mezcla de ácido fluorhídrico y pentafluoruro de antimonio. El carborano tiene un valor de pH de -18 . A diferencia del ácido fluorosulfúrico y del ácido fluoroantimónico, los ácidos carboranos son tan no corrosivos que pueden manipularse con la piel desnuda. El teflón, el revestimiento antiadherente que suele encontrarse en los utensilios de cocina, puede contener carborante. Los ácidos carboranos también son relativamente poco comunes, por lo que es poco probable que un estudiante de química se encuentre con uno de ellos.

Conclusiones clave sobre los superácidos más potentes

- Un superácido tiene una acidez mayor que la del ácido sulfúrico puro.
- El superácido más fuerte del mundo es el ácido fluoroantimónico.
- El ácido fluoroantimónico es una mezcla de ácido fluorhídrico y pentafluoruro de antimonio.
- Los superácidos carbonanos son los ácidos solistas más fuertes.

Ácidos fuertes y el ácido más fuerte del mundo

La mayoría de los exámenes estandarizados que toman los estudiantes, como el SAT y el GRE, se basan en su capacidad para razonar o comprender un concepto. El énfasis no está en la memorización. Sin embargo, en química hay algunas cosas que simplemente debes memorizar. Recordarás los símbolos de los primeros elementos y sus masas atómicas y ciertas constantes con solo usarlos. Por otro lado, es más difícil recordar los nombres y estructuras de los aminoácidos y de los ácidos fuertes . La buena noticia, con respecto a los ácidos fuertes, es que cualquier otro ácido es un ácido débil . Los 'ácidos fuertes' se disocian completamente en agua.

Ácidos fuertes que debes conocer

HCl - ácido clorhídrico
HNO_3 - ácido nítrico
H_2SO_4 - ácido sulfúrico
HBr - ácido bromhídrico
HI - ácido yodhídrico
$HClO_4$ - ácido perclórico

El ácido más fuerte del mundo

Aunque ya hablamos de esto en anterior dato curioso pero te voy a recalcar la lista de ácidos fuertes, que probablemente se encuentra en todos los textos de química, ninguno de estos ácidos ostenta el título de ácido más fuerte del mundo. Anteriormente el poseedor del récord era el ácido fluorosulfúrico ($HFSO_3$), pero los superácidos carboranos son cientos de veces más fuertes que el ácido fluorosulfúrico y más de un millón de veces más fuertes que el ácido sulfúrico concentrado . Los superácidos liberan protones fácilmente, lo cual es un criterio ligeramente diferente para determinar la fuerza del ácido que la capacidad de disociarse para liberar un ion H^+ (un protón).

Fuerte es diferente de corrosivo

Los ácidos carboranos son increíbles donantes de protones, pero no son muy corrosivos. La corrosividad está relacionada con la parte del ácido cargada negativamente. El ácido fluorhídrico (HF), por ejemplo, es tan corrosivo que disuelve el vidrio. El ion fluoruro ataca al átomo de silicio en el vidrio de sílice mientras el protón interactúa con el oxígeno. Aunque es muy corrosivo, el ácido fluorhídrico no se considera un ácido fuerte porque no se disocia completamente en agua.

Disolver un cuerpo en ácido fluorhídrico, como en "Breaking Bad"

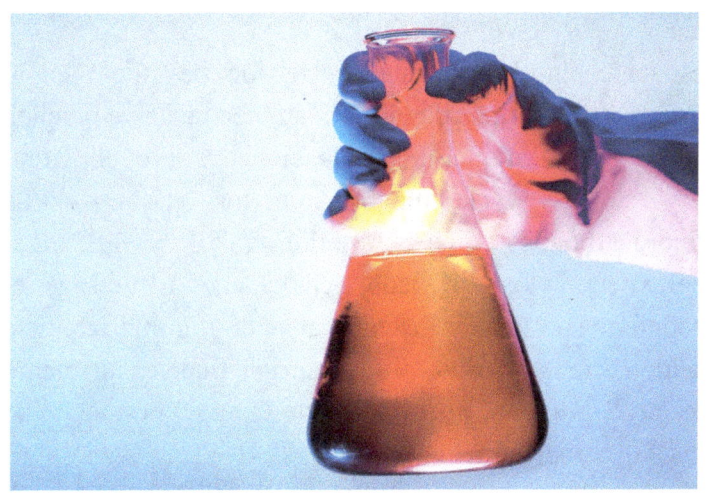

El intrigante piloto del drama de AMC " Breaking Bad " te mantiene atento al segundo episodio, para ver qué iba a hacer el protagonista, un profesor de química llamado Walt. ¿Es arriesgarse a sospechar que la mayoría de los profesores de química no mantienen grandes jarras de ácido fluorhídrico en sus laboratorios? Aparentemente, Walt tiene muchos a mano y usa algunos para ayudar a deshacerse de un cuerpo. Le dijo a su cómplice, Jesse, que usara un recipiente de plástico para disolver el cuerpo, pero no le dijo por qué. Cuando Jesse pone al muerto Emilio en una bañera y le agrega ácido, procede a disolver el cuerpo, así como la bañera, el piso que sostiene la bañera y el piso debajo de ella. El ácido fluorhídrico es un material corrosivo.

El ácido fluorhídrico ataca el óxido de silicio en la mayoría de los tipos de vidrio. También disuelve muchos metales (no el níquel ni sus aleaciones, el oro, el platino o la plata) y la mayoría de los plásticos. Los fluorocarbonos como el teflón (TFE y FEP), el polietileno clorosulfonado, el caucho natural y el neopreno son todos resistentes al ácido fluorhídrico. Este ácido es tan corrosivo porque su ion flúor es altamente reactivo. Aun así, no es un ácido "fuerte" porque no se disocia completamente en agua.

Disolver un cuerpo en lejía
Es sorprendente que Walt se decidiera por el ácido fluorhídrico para su plan de eliminación del cuerpo, cuando el método notorio para disolver la carne consiste en utilizar una base en lugar de un ácido. Se puede utilizar una mezcla de hidróxido de sodio (lejía) con agua para licuar animales muertos, como animales de granja o animales atropellados (esto, obviamente, también puede incluir a las víctimas de homicidio). Si la mezcla de lejía se calienta hasta que hierva, el tejido se puede disolver en cuestión de horas. El cadáver se

reduce a un lodo de color marrón, dejando sólo huesos quebradizos.

La lejía se usa para eliminar obstrucciones en los desagües, por lo que podría haberse vertido en una bañera y enjuagado, además está mucho más disponible que el ácido fluorhídrico. Otra opción habría sido la forma potásica de la lejía, el hidróxido de potasio. Los vapores de la reacción de grandes cantidades de ácido fluorhídrico o hidróxido habrían sido abrumadores para nuestros amigos de "Breaking Bad". Las personas que disuelven cuerpos en sus hogares de esta manera probablemente se convertirían ellos mismos en cadáveres.

Por qué el ácido más fuerte no funcionaría

Quizás estés pensando que la mejor manera de deshacerte de un cadáver es utilizar el ácido más fuerte que puedas encontrar. Esto se debe a que generalmente equiparamos "fuerte" con "corrosivo". Sin embargo, la medida de la fuerza de un ácido es su capacidad para donar protones. Los ácidos más fuertes del mundo hacen esto sin ser corrosivos. Los superácidos de carborano son más de un millón de veces más fuertes que el ácido sulfúrico concentrado, pero no atacan los tejidos humanos ni animales.

Cómo funciona el óxido y la corrosión

Óxido es el nombre común del óxido de hierro . La forma más familiar de óxido es la capa rojiza que forma escamas en el hierro y el acero (Fe2O3), pero el óxido también viene en otros colores, incluidos amarillo, marrón, naranja e incluso verde . Los diferentes colores reflejan diversas composiciones químicas del óxido.

El óxido se refiere específicamente a los óxidos del hierro o aleaciones de hierro, como el acero. La oxidación de otros metales tiene otros nombres. Hay deslustre en la plata y cardenillo en el cobre, por ejemplo.

Conclusiones clave: cómo funciona el óxido

- El óxido es el nombre común de la sustancia química llamada óxido de hierro. Técnicamente, es hidrato de óxido de hierro, porque el óxido de hierro puro no es óxido.

- El óxido se forma cuando el hierro o sus aleaciones se exponen al aire húmedo. El oxígeno y el agua del aire reaccionan con el metal para formar el óxido hidratado.

- La conocida forma roja de óxido es $F_{e2}O_3$), pero el hierro tiene otros estados de oxidación, por lo que puede formar otros colores de óxido.

La reacción química que forma óxido

Aunque el óxido se considera el resultado de una reacción de oxidación , cabe señalar que no todos los óxidos de hierro son óxido . El óxido se forma cuando el oxígeno reacciona con el hierro, pero simplemente juntar hierro y oxígeno no es suficiente. Aunque aproximadamente el 21% del aire se compone de oxígeno, la oxidación no ocurre en el aire seco. Ocurre en aire húmedo y en agua. El óxido requiere tres sustancias químicas para formarse: hierro , oxígeno y agua.

hierro + agua + oxígeno → óxido de hierro (III) hidratado

Este es un ejemplo de reacción electroquímica y corrosión . Se producen dos reacciones electroquímicas distintas:

Hay disolución anódica u oxidación del hierro que pasa a una solución acuosa (agua):

$$2Fe \rightarrow 2Fe^{2+} + 4e\text{-}$$

También ocurre la reducción catódica del oxígeno que se disuelve en agua:

$$O_2 + 2H_2O + 4e^- \rightarrow 4OH^-$$

El ion hierro y el ion hidróxido reaccionan para formar hidróxido de hierro:

$$2Fe^{2+} + 4O^- \rightarrow 2Fe(OH)_2$$

El óxido de hierro reacciona con el oxígeno para producir óxido rojo, Fe_2O_3.
H_2O

Debido a la naturaleza electroquímica de la reacción, los electrolitos disueltos en agua ayudan a la reacción. La oxidación se produce más rápidamente en agua salada que en agua pura, por ejemplo.

Tenga en cuenta que el oxígeno gaseoso (O_2) no es la única fuente de oxígeno en el aire o el agua. El dióxido de carbono (CO_2) también contiene oxígeno. El dióxido de carbono y el agua reaccionan para formar ácido carbónico débil. El ácido carbónico es un mejor electrolito que el agua pura. Cuando el ácido ataca al hierro, el agua se descompone en hidrógeno y oxígeno. El oxígeno libre y el hierro disuelto forman óxido de hierro, liberando electrones que pueden fluir a otra parte del metal. Una vez que comienza la oxidación, continúa corroyendo el metal.

Previniendo el óxido

El óxido es quebradizo, frágil, progresivo y debilita el hierro y el acero. Para proteger el hierro y sus aleaciones de la oxidación, es necesario separar la superficie del aire y del agua. Los recubrimientos se pueden aplicar al hierro. El acero inoxidable contiene cromo, que forma un óxido, muy parecido a como el hierro forma óxido. La diferencia es que el óxido de cromo no se desprende, por lo que forma una capa protectora sobre el acero

La Química en Breaking Bad

La química detrás de la serie de televisión Breaking Bad de AMC

¿Te has estado preguntando acerca de la química detrás de la dramática serie de televisión de AMC, Breaking Bad? Aquí hay un vistazo a la ciencia del programa.

1- Haciendo fuego de colores

En el episodio piloto de Breaking Bad, Walt White realiza una demostración de química en la que rocía productos químicos sobre la llama de un quemador, lo que hace que cambie de color. Así es como puedes hacer esa demostración tú mismo.

2- Hacer metanfetamina de cristal

DEA de EE. UU.

La premisa de la serie es que al químico y profesor de química Walt White le diagnostican cáncer y busca ganar suficiente dinero para mantener a su familia después de su muerte, por lo que se dedica a fabricar metanfetamina. ¿Qué tan difícil es producir este medicamento? No es tan difícil, pero hay muchas razones por las que no querrás meterte con eso.

3- Fulminato de Mercurio

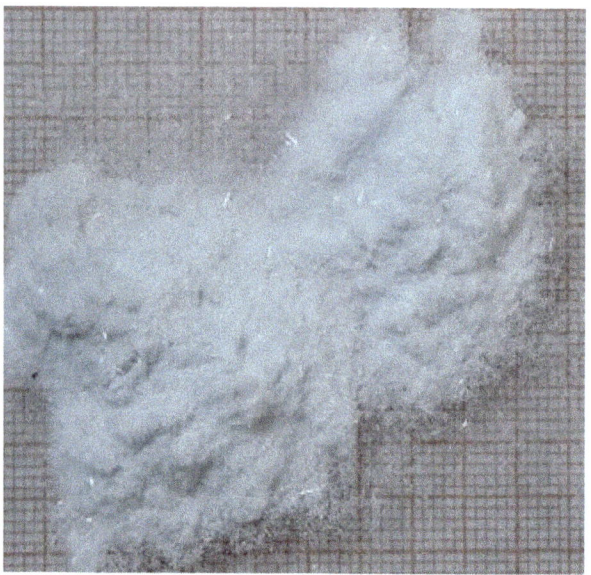

El fulminato de mercurio se parece a la metanfetamina, pero es explosivo. El fulminato de mercurio es fácil de preparar, pero no encontrará a muchos químicos entusiasmados por mezclar un lote.

4- Ácido fluorhídrico

Ç

Walt usa ácido fluorhídrico para disolver un cuerpo. Esto funciona, pero si va a utilizar ácido fluorhídrico (presumiblemente no para ese propósito), hay ciertas cosas que debe saber.

5- Elementos en el cuerpo

El tercer episodio de Breaking Bad encuentra a Walt reflexionando sobre qué hace a un hombre. ¿Son los elementos que lo componen? No, son las decisiones que toma. Walt recuerda su pasado y repasa un poco de bioquímica.

6- Limpieza de cristalería

Si vas a utilizar cristalería para química, probablemente sea una buena idea aprender a limpiarla. La cristalería sucia puede provocar contaminación. No querrías eso, ¿verdad?

7- Frijoles con ricino

En el primer episodio de la temporada 2, Walt prepara un lote de ricina. La ricina es una mala noticia, pero no hay que temer al ricino ni al envenenamiento accidental.

8- Metanfetamina de cristal azul

La metanfetamina característica de Walter White es azul en lugar de transparente o blanca. La metanfetamina de cristal azul utilizada en Breaking Bad en realidad es caramelo de roca azul o cristales de azúcar . Puedes hacer cristales azules tú mismo para comerlos mientras miras el programa.

Receta de caramelo de roca de metanfetamina de cristal azul de Breaking Bad

¿Alguna vez te has preguntado qué usó AMC para la metanfetamina en Breaking Bad? ¡La famosa metanfetamina de cristal azul de Walt es un caramelo , no drogas! Aquí tienes una receta para hacer tus propios dulces de cristal azul , perfectos para una fiesta de Breaking Bad o para merendar mientras miras la serie. Por supuesto, puedes hacer el caramelo de cualquier color, darle sabor o incluso hacerlo brillar bajo una luz negra.

Ingredientes de cristal azul

Sólo necesitas algunos ingredientes de cocina comunes para este proyecto:

    3-3/4 tazas de azúcar

    1-1/4 tazas de jarabe de maíz ligero

    1 taza de agua

    colorante alimentario azul (o el color que prefieras)

    1/2 a 1 cucharadita de saborizante, como vainilla, limón o cereza

Qué hacer

Si tienes un termómetro para dulces, asegúrate de usarlo. De lo contrario, esté atento a que el azúcar no se oscurezca ni se dore, lo que indica que la mezcla se está calentando demasiado.

- Engrase una bandeja para hornear galletas. Puedes usar mantequilla, manteca vegetal o spray antiadherente.

- Mezcle el azúcar, el jarabe de maíz y el agua en una sartén a fuego medio.

- Lleva la mezcla a ebullición y continúa hirviendo durante 3 minutos.

- Agregue colorante y saborizante para alimentos, si lo desea.

- Esta es la parte en la que el termómetro para dulces resulta útil. Aumente la temperatura a 300 F. El objetivo es derretir el azúcar y endurecer el caramelo, pero no caramelizarlo (dorarlo). Una vez que la mezcla alcance la temperatura, retira la sartén del fuego.

- Vierta la mezcla caliente sobre la bandeja para hornear engrasada. ¡Ten mucho cuidado! En este punto, el caramelo está extremadamente caliente y pegajoso.

- Deje que los cristales se enfríen por completo. Utilice un mazo o un martillo para romper los cristales en pedazos.

- Guarda tus cristales azules en un recipiente hermético, ya que la humedad los volverá pegajosos. Para evitar que los cristales se peguen entre sí, puedes rociarlos con aceite en aerosol antiadherente o espolvorearlos con azúcar en polvo.

Cristales azules brillantes

Si quieres cristales azules que brillen de color azul bajo una luz negra, reemplaza el agua de la receta con agua tónica. La quinina que produce el brillo azul tiene un sabor distintivo, que quizás le guste o desee enmascarar con otro saborizante.

7 eventos de nivel de extinción que podrían acabar con la vida tal como la conocemos

Si ha visto las películas "2012" o "Armageddon" o ha leído "On the Beach", sabrá acerca de algunas de las amenazas que podrían acabar con la vida tal como la conocemos. El Sol podría hacer algo desagradable. Podría caer un meteoro . Podríamos destruirnos con una bomba nuclear. Estos son sólo algunos de los eventos de nivel de extinción bien conocidos. ¡Hay muchas más formas de morir!

Pero primero, ¿qué es exactamente un evento de extinción? Un evento de nivel de extinción o ELE es una catástrofe que resulta en la extinción de la mayoría de especies del planeta. No es la extinción normal de especies lo que ocurre todos los días. No se trata necesariamente de la esterilización de todos los organismos vivos. Podemos identificar eventos de extinción importantes examinando la deposición y la composición química de las rocas, el registro fósil y la evidencia de eventos importantes en lunas y otros planetas.

Hay decenas de fenómenos capaces de provocar extinciones generalizadas, pero se pueden agrupar en algunas categorías:

1- El sol nos matará

Si una fuerte erupción solar impactara la Tierra, los resultados
podrían ser devastadores.

La vida tal como la conocemos no existiría sin el Sol,
pero seamos honestos. El Sol tiene la intención de atacar
al planeta Tierra. Incluso si ninguna de las otras
catástrofes de esta lista ocurre, el Sol acabará con
nosotros. Las estrellas como el Sol brillan más con el
tiempo a medida que fusionan hidrógeno en helio.
Dentro de otros mil millones de años, será
aproximadamente un 10 por ciento más brillante. Si bien
esto puede no parecer significativo, hará que se evapore
más agua. El agua es un gas de efecto invernadero , por
lo que atrapa el calor en la atmósfera , lo que provoca

una mayor evaporación. La luz del sol descompondrá el agua en hidrógeno y oxígeno, por lo que podrá filtrarse hacia el espacio . Si alguna vida sobrevive, se enfrentará a un destino feroz cuando el Sol entre en su fase de gigante roja , expandiéndose hasta la órbita de Marte. No es probable que sobreviva vida dentro del Sol.

Pero el Sol puede matarnos cualquier día que quiera mediante una eyección de masa coronal (CME). Como puedes adivinar por el nombre, aquí es cuando nuestra estrella favorita expulsa partículas cargadas de su corona. Dado que una CME puede enviar materia en cualquier dirección, normalmente no dispara directamente hacia la Tierra. A veces sólo nos llega una pequeña fracción de partículas, proporcionándonos una aurora o una tormenta solar. Sin embargo, es posible que una CME arrase el planeta.

El Sol tiene amigos (y ellos también odian a la Tierra). Una supernova , una nova o un estallido de rayos gamma cercano (a menos de 6.000 años luz) podría irradiar organismos y destruir la capa de ozono, dejando la vida a merced de la radiación ultravioleta del Sol . Los científicos creen que una explosión gamma o una supernova podrían haber provocado la extinción del final del Ordovícico.

2- Las inversiones geomagnéticas pueden matarnos

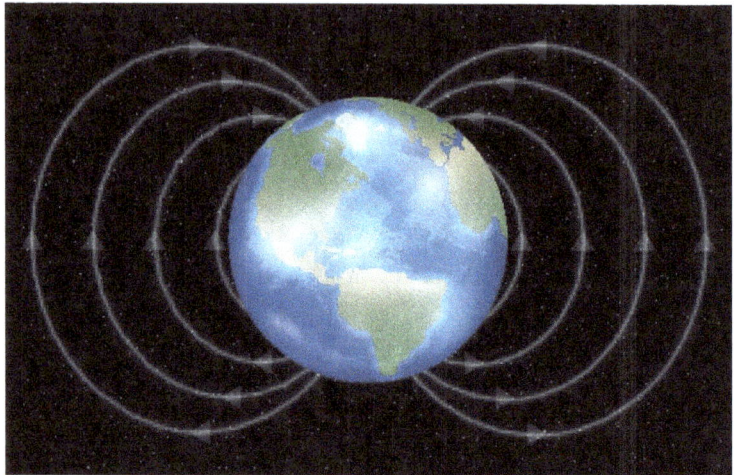

Los científicos creen que las inversiones de los polos magnéticos estuvieron involucradas en algunas extinciones masivas pasadas.

La Tierra es un imán gigante que tiene una relación de amor-odio con la vida. El campo magnético nos protege de lo peor que nos depara el Sol. De vez en cuando, las posiciones de los polos magnéticos norte y sur cambian . La frecuencia con la que se producen las inversiones y el tiempo que tarda el campo magnético en estabilizarse es muy variable. Los científicos no están completamente seguros de qué sucederá cuando los polos giren. Quizás nada. O tal vez el campo magnético debilitado expondrá a la Tierra al viento solar , permitiendo que el Sol robe gran parte de nuestro oxígeno. Ya sabes, ese gas que respiran los humanos. Los científicos dicen que las inversiones del campo magnético no siempre son eventos al nivel de extinción. Solo a veces.

3- El gran meteoro malo

El impacto de un gran meteorito podría ser un evento de nivel de extinción.

Quizás le sorprenda saber que el impacto de un asteroide o meteorito solo se ha relacionado con certeza con una extinción masiva: el evento de extinción del Cretácico-Paleógeno. Otros impactos han contribuido a las extinciones, pero no son la causa principal.

La buena noticia es que la NASA afirma que se han identificado alrededor del 95 por ciento de los cometas y asteroides de más de 1 kilómetro de diámetro. La otra

75

buena noticia es que los científicos estiman que un objeto debe tener unos 100 kilómetros (60 millas) de diámetro para acabar con toda la vida. La mala noticia es que hay otro 5 por ciento por ahí y no podemos hacer mucho ante una amenaza importante con nuestra tecnología actual (no, Bruce Willis no puede detonar una bomba nuclear y salvarnos).

Obviamente, los seres vivos en la zona cero del impacto de un meteorito morirán. Muchos más morirán a causa de las ondas expansivas, los terremotos, los tsunamis y las tormentas de fuego. Aquellos que sobrevivan al impacto inicial tendrían dificultades para encontrar alimento, ya que los escombros arrojados a la atmósfera cambiarían el clima y provocarían extinciones masivas. Probablemente estés mejor en la zona cero para este caso.

4- El mar

Un tsunami es peligroso, pero el mar tiene trucos más letales.

Un día en la playa puede parecer idílico, hasta que te das cuenta de que la parte azul de la canica que llamamos Tierra es más mortífera que todos los tiburones que se encuentran en sus profundidades. El océano tiene varias formas de provocar ELE.

Los clatratos de metano (moléculas hechas de agua y metano) a veces se desprenden de las plataformas continentales, produciendo una erupción de metano llamada pistola de clatratos. La "pistola" dispara inmensas cantidades de metano, un gas de efecto invernadero, a la atmósfera. Estos eventos están relacionados con la extinción del final del Pérmico y el máximo térmico del Paleoceno-Eoceno.

El aumento o descenso prolongado del nivel del mar también provoca extinciones. La caída del nivel del mar es más insidiosa, ya que la exposición de la plataforma continental acaba con innumerables especies marinas. Esto, a su vez, altera el ecosistema terrestre y conduce a un ELE.

Los desequilibrios químicos en el mar también provocan eventos de extinción. Cuando las capas medias o superiores del océano se vuelven anóxicas, se produce una reacción en cadena de muerte. Las extinciones del Ordovícico-Silúrico, del Devónico tardío, del Pérmico-Triásico y del Triásico-Jurásico incluyeron eventos anóxicos.

A veces, los niveles de oligoelementos esenciales (p. ej., selenio) caen, lo que provoca extinciones masivas. A veces, las bacterias reductoras de sulfato en los respiraderos térmicos se salen de control, liberando un exceso de sulfuro de hidrógeno que debilita la capa de ozono, exponiendo la vida a rayos ultravioleta letales. El océano también sufre cambios periódicos en los que el agua superficial altamente salina se hunde en las profundidades. Las aguas profundas anóxicas se elevan, matando a los organismos de la superficie. Las extinciones del Devónico tardío y del Pérmico-Triásico están asociadas con un vuelco oceánico.

La playa no parece tan bonita ahora, ¿verdad?

5- Y el "ganador" es... los volcanes

Históricamente, la mayoría de los eventos de nivel de extinción han sido causados por volcanes.

Si bien la caída del nivel del mar se ha asociado con 12 eventos de extinción, sólo siete implicaron una pérdida significativa de especies. Por otro lado, los volcanes han provocado 11 ELE, todos ellos significativos. Las extinciones del Pérmico final, del Triásico final y del Cretácico final están asociadas con erupciones

79

volcánicas llamadas inundaciones de basalto. Los volcanes matan liberando polvo, óxidos de azufre y dióxido de carbono que colapsan las cadenas alimentarias al inhibir la fotosíntesis, envenenan la tierra y el mar con lluvia ácida y producen calentamiento global. La próxima vez que esté de vacaciones en Yellowstone, tómese un momento para detenerse y reflexionar sobre las implicaciones de una erupción del volcán. Al menos los volcanes de Hawaii no matan planetas.

6- Calentamiento y enfriamiento global

El calentamiento global descontrolado podría hacer que la Tierra se parezca más a Venus.

Al final, la causa última de las extinciones masivas es el calentamiento o el enfriamiento global, generalmente causado por uno de los otros eventos. Se cree que el enfriamiento global y la glaciación contribuyeron a las extinciones del Ordovícico final, del Triásico Pérmico y del Devónico tardío. Si bien la caída de la temperatura mató a algunas especies, la caída del nivel del mar cuando el agua se convirtió en hielo tuvo un efecto mucho mayor.

El calentamiento global es un asesino mucho más eficiente. Pero no es necesario el calentamiento extremo de una tormenta solar o una gigante roja. El calentamiento sostenido está asociado con el Máximo Térmico del Paleoceno-Eoceno, la extinción Triásico-Jurásico y la extinción Pérmico-Triásico. El problema parece ser principalmente la forma en que las temperaturas más altas liberan agua, añadiendo el efecto invernadero a la ecuación y provocando eventos anóxicos en el océano. En la Tierra, estos eventos siempre se han equilibrado con el tiempo, sin embargo, algunos científicos creen que existe la posibilidad de que la Tierra siga el camino de Venus. En tal escenario, el calentamiento global esterilizaría todo el planeta.

7- Nuestro peor enemigo

Una guerra nuclear global irradiaría el planeta y probablemente conduciría a un verano o un invierno nuclear.

La humanidad tiene muchas opciones a su disposición, en caso de que decidamos que el meteorito tarda demasiado en impactar o el volcán en erupción. Somos capaces de provocar un ELE a través de una guerra nuclear global, el cambio climático causado por nuestras actividades o matando suficientes otras especies como para provocar un colapso del ecosistema. En cualquier momento dado, pueden estar en juego múltiples factores. Por ejemplo, la erupción de un volcán y las emisiones de dióxido de carbono procedentes de combustibles fósiles pueden ocurrir juntas, y los países podrían involucrarse en un conflicto nuclear al mismo tiempo.

Lo insidioso de los eventos de extinción es que tienden a ser graduales, y a menudo conducen a un efecto dominó en el que un evento estresa a una o más especies, lo que lleva a otro evento que destruye muchas más. Por lo tanto, cualquier cascada de muerte normalmente involucra a varios asesinos en esta lista.

9- Puntos clave

- Los eventos de nivel de extinción o ELE son calamidades que resultan en la aniquilación de la mayoría de las especies del planeta.
- Los científicos pueden predecir algunos ELE, pero la mayoría no son predecibles ni prevenibles.
- Incluso si algunos organismos sobrevivieran a todos los demás eventos de extinción, eventualmente el Sol erradicará la vida en la Tierra.

Lo que necesita saber sobre los neurotransmisores

Definición y lista de neurotransmisores

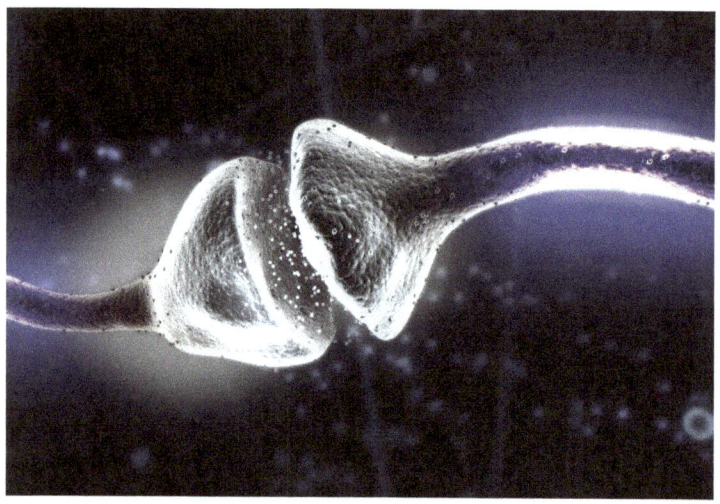

Los neurotransmisores son sustancias químicas que cruzan las sinapsis para transmitir impulsos de una neurona a otra neurona, célula glandular o célula muscular. En otras palabras, los neurotransmisores se utilizan para enviar señales de una parte del cuerpo a otra. Se conocen más de 100 neurotransmisores. Muchos se construyen simplemente a partir de aminoácidos. Otras son moléculas más complejas.

Los neurotransmisores realizan muchas funciones vitales en el cuerpo. Por ejemplo, regulan los latidos del corazón, indican a los pulmones cuándo respirar, determinan el punto de ajuste del peso, estimulan la sed, afectan el estado de ánimo y controlan la digestión.

La hendidura sináptica fue descubierta por el patólogo español Santiago Ramón y Cajal a principios del siglo XX. En 1921, el farmacólogo alemán Otto Loewi comprobó que la comunicación entre neuronas era resultado de la liberación de sustancias químicas. Loewi descubrió el primer neurotransmisor conocido, la acetilcolina.

Cómo funcionan los neurotransmisores

El axón terminal de una sinapsis almacena neurotransmisores en vesículas. Cuando son estimuladas por un potencial de acción, las vesículas sinápticas de una sinapsis liberan neurotransmisores, que cruzan la pequeña distancia (hendidura sináptica) entre un terminal de axón y una dendrita mediante difusión . Cuando el neurotransmisor se une a un receptor en la dendrita, se comunica la señal. El neurotransmisor permanece en la hendidura sináptica durante un breve periodo de tiempo. Luego regresa a la neurona presináptica mediante el proceso de recaptación, es metabolizada por enzimas o se une al receptor.

Cuando un neurotransmisor se une a una neurona postsináptica, puede excitarla o inhibirla. Las neuronas suelen estar conectadas a otras neuronas, por lo que en cualquier momento dado una neurona puede estar sujeta a múltiples neurotransmisores. Si el estímulo de excitación es mayor que el efecto inhibidor, la neurona se "disparará" y creará un potencial de acción que libera neurotransmisores a otra neurona. De este modo, se conduce una señal de una celda a la siguiente.

Tipos de neurotransmisores

Un método para clasificar los neurotransmisores se basa en su composición química. Las categorías incluyen:

- Aminoácidos: ácido γ-aminobutírico (GABA), aspartato, glutamato, glicina, D-serina
- **Gases:** monóxido de carbono (CO), sulfuro de hidrógeno (H_2S), óxido nítrico (NO)
- **Monoaminas:** dopamina, epinefrina, histamina, noradrenalina, serotonina.
- **Péptidos:** β-endorfina, anfetaminas, somatostatina, encefalina
- **Purinas**: adenosina, trifosfato de adenosina (ATP)
- **Trazas de aminas:** octopamina, fenetilamina, tripramina.
- **Otras moléculas**: acetilcolina, anandamida.

- **Iones individuales:** zinc

El otro método importante para categorizar los neurotransmisores es según sean excitadores o inhibidores . Sin embargo, si un neurotransmisor es excitador o inhibidor depende de su receptor. Por ejemplo, la acetilcolina inhibe el corazón (disminuye la frecuencia cardíaca), pero excita el músculo esquelético (hace que se contraiga).

Neurotransmisores importantes

- **El glutamato** es el neurotransmisor más abundante en los seres humanos, utilizado por aproximadamente la mitad de las neuronas del cerebro humano . Es el principal transmisor excitador del sistema nervioso central. Una de sus funciones es ayudar a formar recuerdos. Curiosamente, el glutamato es tóxico para las neuronas. El daño cerebral o un derrame cerebral pueden provocar un exceso de glutamato, matando las neuronas.

- **GABA** es el principal transmisor inhibidor en el cerebro de los vertebrados . Ayuda a controlar la ansiedad. La deficiencia de GABA puede provocar convulsiones.

- **La glicina** es el principal neurotransmisor inhibidor de la médula espinal de los vertebrados.

- **La acetilcolina** estimula los músculos, funciona en el sistema nervioso autónomo y las neuronas sensoriales y está asociada con el sueño REM. Muchos venenos actúan bloqueando los receptores de acetilcolina. Los ejemplos incluyen botulina, curare y cicuta. La enfermedad de Alzheimer se asocia con una caída significativa de los niveles de acetilcolina.

- **La noradrenalina** (noradrenalina) aumenta la frecuencia cardíaca y la presión arterial. Es parte del sistema de "lucha o huida" del cuerpo. La noradrenalina también es necesaria para formar recuerdos. El estrés agota las reservas de este neurotransmisor.

- **La dopamina** es un transmisor inhibidor asociado con el centro de recompensa del cerebro. Los niveles bajos de dopamina se asocian con la ansiedad social y la enfermedad de Parkinson, mientras que el exceso de dopamina se relaciona con la esquizofrenia.

- **La serotonina** es un neurotransmisor inhibidor involucrado en el estado de ánimo, las emociones y la percepción. Los niveles bajos de serotonina pueden provocar depresión, tendencias suicidas, problemas para controlar la ira, dificultad para dormir, migrañas y un mayor deseo de consumir carbohidratos. El cuerpo puede sintetizar serotonina a partir del aminoácido triptófano , que se encuentra en alimentos como la leche tibia y el pavo.

- **Las endorfinas** son una clase de moléculas similares a los opioides (p. ej., morfina, heroína) en términos de estructura y función. La palabra "endorfina" es la abreviatura de "morfina endógena". Las endorfinas son transmisores inhibidores asociados con el placer y el alivio del dolor. En otros animales, estas sustancias químicas ralentizan el metabolismo y permiten la hibernación

¿Cómo se utiliza la cerámica en química?

La palabra "cerámica" proviene de la palabra griega "keramikos", que significa "de alfarería". Si bien las primeras cerámicas fueron la alfarería, el término abarca un gran grupo de materiales, incluidos algunos elementos puros. Una cerámica es un sólido inorgánico , no metálico , generalmente a base de un óxido, nitruro, boruro o carburo, que se cuece a alta temperatura. La cerámica se puede esmaltar antes de cocerla para producir un revestimiento que reduzca la porosidad y tenga una superficie lisa, a menudo coloreada. Muchas cerámicas contienen una mezcla de enlaces iónicos y covalentes entre átomos. El material resultante puede ser cristalino, semicristalino o vítreo. Los materiales amorfos con una composición similar se denominan generalmente " vidrio ".

Los cuatro tipos principales de cerámica son la cerámica blanca, la cerámica estructural, la cerámica técnica y la refractaria. Los artículos blancos incluyen utensilios de cocina, cerámica y azulejos. La cerámica estructural incluye ladrillos, tuberías, tejas y baldosas. La cerámica técnica también se conoce como cerámica especial, fina, avanzada o de ingeniería. Esta clase incluye cojinetes, placas especiales (por ejemplo, protección térmica de naves espaciales), implantes biomédicos, frenos cerámicos, combustibles nucleares, motores cerámicos y revestimientos cerámicos. Los refractarios son cerámicas que se utilizan para fabricar crisoles, forrar hornos e irradiar calor en chimeneas de gas.

Cómo se hace la cerámica

Las materias primas para la cerámica incluyen arcilla, caolinato, óxido de aluminio, carburo de silicio, carburo de tungsteno y ciertos elementos puros. Las materias primas se combinan con agua para formar una mezcla a la que se le puede dar forma o moldear. Las cerámicas son difíciles de trabajar una vez fabricadas, por lo que, por lo general, se les da la forma final deseada. La forma se deja secar y se cuece en un horno llamado horno. El proceso de cocción proporciona la energía para formar nuevos enlaces químicos en el material (vitrificación) y, a veces, nuevos minerales (por ejemplo, se forma mullita a partir del caolín en la cocción de porcelana). Se pueden agregar esmaltes impermeables, decorativos o funcionales antes de la primera cocción o pueden requerir una cocción posterior (más común). La primera cocción de una cerámica produce un producto llamado bisque. La primera cocción quema la materia orgánica y otras impurezas volátiles. La segunda (o tercera) cocción puede denominarse glaseado.

Ejemplos y usos de la cerámica

La alfarería, los ladrillos, las tejas, la loza, la porcelana y la porcelana son ejemplos comunes de cerámica. Estos materiales son bien conocidos por su uso en la construcción, la artesanía y el arte. Existen muchos otros materiales cerámicos:

- En el pasado, el vidrio se consideraba cerámica porque es un sólido inorgánico que se cuece y se trata de forma muy similar a la cerámica. Sin embargo, debido a que el vidrio es un sólido amorfo , generalmente se considera un material separado. La estructura interna ordenada de la cerámica juega un papel importante en sus propiedades.

- El silicio puro sólido y el carbono pueden considerarse cerámicos. En sentido estricto, un diamante podría denominarse cerámica.

- El carburo de silicio y el carburo de tungsteno son cerámicas técnicas que tienen una alta resistencia a la abrasión, lo que las hace útiles para chalecos antibalas, placas de desgaste para minería y componentes de máquinas.

- Óxido de uranio (UO_2) es una cerámica utilizada como combustible para reactores nucleares.

- La circonia (dióxido de circonio) se utiliza para fabricar hojas de cuchillos de cerámica, gemas, pilas de combustible y sensores de oxígeno.

- El óxido de zinc (ZnO) es un semiconductor.

- El óxido de boro se utiliza para fabricar chalecos antibalas.

- El óxido de bismuto, estroncio y cobre y el diboruro de magnesio (MgB_2) son superconductores.

- La esteatita (silicato de magnesio) se utiliza como aislante eléctrico.

- El titanato de bario se utiliza para fabricar elementos calefactores, condensadores, transductores y elementos de almacenamiento de datos.

- Los artefactos cerámicos son útiles en arqueología y paleontología porque su composición química puede utilizarse para identificar su origen. Esto incluye no sólo la composición de la arcilla sino también la del temple : los materiales añadidos durante la producción y el secado.

Propiedades de la cerámica

La cerámica incluye una variedad de materiales tan amplia que resulta difícil generalizar sus características. La mayoría de las cerámicas presentan las siguientes propiedades:

- Alta dureza
- Generalmente frágil, con poca dureza.
- Alto punto de fusión
- Resistencia química
- Mala conductividad eléctrica y térmica.
- Baja ductilidad
- Alto módulo de elasticidad
- Alta resistencia a la compresión
- Transparencia óptica a una variedad de longitudes de onda.

Las excepciones incluyen cerámicas superconductoras y piezoeléctricas.

Términos relacionados

La ciencia de la preparación y caracterización de la cerámica se llama ceramografía .

Los materiales compuestos se componen de más de una clase de material, que puede incluir la cerámica. Ejemplos de compuestos incluyen fibra de carbono y fibra de vidrio. Un cermet es un tipo de material compuesto que contiene cerámica y metal.

Una vitrocerámica es un material no cristalino con una composición cerámica. Mientras que las cerámicas cristalinas tienden a moldearse, las vitrocerámicas se forman al fundir o soplar una masa fundida. Ejemplos de vitrocerámica incluyen estufas de "vidrio" y el compuesto de vidrio utilizado para unir los desechos nucleares para su eliminación.

La química detrás de las bengalas

No todos los fuegos artificiales son iguales. Por ejemplo, existe una diferencia entre un petardo y una bengala: el objetivo de un petardo es crear una explosión controlada; una bengala, por el contrario, arde durante un largo período de tiempo (hasta un minuto) y produce una brillante lluvia de chispas.

Química de bengala

Una bengala se compone de varias sustancias:

- un oxidante
- un combustible
- Hierro, acero, aluminio u otro polvo metálico.
- Un aglutinante combustible

Además de estos componentes, también se pueden agregar colorantes y compuestos para moderar la reacción química . A menudo, el carbón y el azufre son combustible para fuegos artificiales, o las bengalas pueden simplemente utilizar el aglutinante como combustible. El aglutinante suele ser azúcar, almidón o goma laca. Como oxidantes se puede utilizar nitrato de potasio o clorato de potasio. Se utilizan metales para crear las chispas. Las fórmulas de las bengalas pueden ser bastante simples. Por ejemplo, una bengala puede estar compuesta únicamente de perclorato de potasio, titanio o aluminio y dextrina.

Ahora que has visto la composición de una bengala, consideremos cómo reaccionan estos químicos entre sí.

Oxidantes

Los oxidantes producen oxígeno para quemar la mezcla. Los oxidantes suelen ser nitratos, cloratos o percloratos. Los nitratos están formados por un ion metálico y un ion nitrato. Los nitratos ceden el 30% de su oxígeno para producir nitritos y oxígeno. La ecuación resultante para el nitrato de potasio se ve así:

$$2KNO_3 \text{ (sólido)} \rightarrow 2\ KNO_2 \text{ (sólido)} + O_2 \text{ (gas)}$$

Los cloratos están formados por un ion metálico y el ion clorato. Los cloratos ceden todo su oxígeno, provocando una reacción más espectacular. Sin embargo, esto también significa que son explosivos. Un ejemplo de clorato de potasio produciendo oxígeno se vería así:

$$2KClO3 \text{ (sólido)} \rightarrow 2KCl \text{ (sólido)} + 3O2 \text{ (gas)}$$

Los percloratos contienen más oxígeno, pero es menos probable que exploten como resultado de un impacto que los cloratos. El perclorato de potasio cede su oxígeno en esta reacción:

$$KClO4 \text{ (sólido)} \rightarrow KCl \text{ (sólido)} + 2O2 \text{ (gas)}$$

Agentes reductores

Los agentes reductores son el combustible utilizado para quemar el oxígeno producido por los oxidantes. Esta combustión produce gas caliente. Ejemplos de agentes reductores son el azufre y el carbón vegetal, que reaccionan con el oxígeno para formar dióxido de azufre ($SO2$) y dióxido de carbono ($CO2$), respectivamente.

Reguladores

Se pueden combinar dos agentes reductores para acelerar o ralentizar la reacción. Además, los metales afectan la velocidad de la reacción. Los polvos metálicos más finos reaccionan más rápidamente que los polvos o escamas gruesos. También se pueden agregar otras sustancias, como harina de maíz, para regular la reacción.

Carpetas

Los aglutinantes mantienen unida la mezcla. Para una bengala, los aglutinantes comunes son la dextrina (un azúcar) humedecida con agua o un compuesto de goma laca humedecido con alcohol. El aglutinante puede servir como agente reductor y como moderador de reacción.

¿Cómo funciona una bengala?

Juntémoslo todo. Una bengala consiste en una mezcla química que se moldea sobre un palo o alambre rígido. Estos productos químicos a menudo se mezclan con agua para formar una suspensión que se puede recubrir sobre un alambre (por inmersión) o verter en un tubo. Una vez que la mezcla se seque, tendrás una bengala. Se pueden utilizar polvo o escamas de aluminio, hierro, acero, zinc o magnesio para crear chispas brillantes y relucientes. Las escamas de metal se calientan hasta que se vuelven incandescentes y brillan intensamente o, a una temperatura suficientemente alta, incluso arden. A veces, las bengalas se llaman bolas de nieve en referencia a la bola de chispas que rodea la parte encendida de la bengala.

Se puede agregar una variedad de productos químicos para crear colores. El combustible y el oxidante se dosifican, junto con los demás productos químicos, de modo que la bengala arda lentamente en lugar de explotar como un petardo. Una vez que se enciende un extremo de la bengala, arde progresivamente hasta el otro extremo. En teoría, el extremo del palo o alambre es adecuado para sostenerlo mientras se quema.

Recordatorios importantes sobre bengalas

Obviamente, las chispas que caen en cascada de un palo encendido presentan un riesgo de incendio y quemaduras; De manera menos obvia, las bengalas contienen uno o más metales, por lo que pueden representar un peligro para la salud. Las bengalas no deben quemarse en pasteles como velas ni usarse de ninguna manera que pueda provocar el consumo de cenizas. Entonces, ¡usa bengalas de manera segura y diviértete.

Definición de plástico y ejemplos en química.

¿Alguna vez te has preguntado sobre la composición química del plástico o cómo se fabrica? A continuación se explica qué es el plástico y cómo se forma.

Definición y composición plástica

El plástico es cualquier polímero orgánico sintético o semisintético . En otras palabras, aunque pueden estar presentes otros elementos, los plásticos siempre incluyen carbono e hidrógeno. Si bien los plásticos pueden estar hechos de casi cualquier polímero orgánico, la mayoría del plástico industrial está hecho de petroquímicos . Los termoplásticos y los polímeros termoestables son los dos tipos de plástico. El nombre "plástico" hace referencia a la propiedad de plasticidad, la capacidad de deformarse sin romperse.

El polímero utilizado para fabricar plástico casi siempre se mezcla con aditivos, incluidos colorantes, plastificantes, estabilizadores, rellenos y refuerzos. Estos aditivos afectan la composición química, las propiedades químicas y las propiedades mecánicas del plástico, así como su costo.

Termoestables y Termoplásticos

Los polímeros termoestables, también conocidos como termoestables, se solidifican hasta adquirir una forma permanente. Son amorfos y se considera que tienen un peso molecular infinito. Los termoplásticos, por otro lado, se pueden calentar y remodelar una y otra vez. Algunos termoplásticos son amorfos, mientras que otros tienen una estructura parcialmente cristalina. Los termoplásticos suelen tener un peso molecular de entre 20.000 y 500.000 uma (unidad de masa atómica).

Ejemplos de plásticos

A menudo se hace referencia a los plásticos por las siglas de sus fórmulas químicas:

- Tereftalato de polietileno : **PET o PETE**
- Polietileno de alta densidad: **HDPE**
- Cloruro de polivinilo: **PVC**
- Polipropileno: **PP**
- Poliestireno: **PS**
- Polietileno de baja densidad: **LDPE**

Propiedades de los plásticos

Las propiedades de los plásticos dependen de la composición química de las subunidades, la disposición de estas subunidades y el método de procesamiento.

Todos los plásticos son polímeros pero no todos los polímeros son plásticos. Los polímeros plásticos están formados por cadenas de subunidades unidas llamadas monómeros. Si se unen monómeros idénticos, se forma un homopolímero. Diferentes monómeros se unen para formar copolímeros. Los homopolímeros y copolímeros pueden ser cadenas lineales o cadenas ramificadas.

Otras propiedades de los plásticos incluyen:

- Los plásticos suelen ser sólidos . Pueden ser sólidos amorfos, sólidos cristalinos o sólidos semicristalinos (cristalitos).
- Los plásticos suelen ser malos conductores del calor y la electricidad. La mayoría son aislantes con alta rigidez dieléctrica.
- Los polímeros vítreos tienden a ser rígidos (p. ej., poliestireno). Sin embargo, se pueden utilizar láminas delgadas de estos polímeros como películas (por ejemplo, polietileno).
- Casi todos los plásticos muestran un alargamiento cuando se les somete a tensión que no se recupera una vez eliminada la tensión. Esto se llama "arrastre".
- Los plásticos tienden a ser duraderos y con un lento ritmo de degradación.

Datos interesantes sobre el plástico

Datos adicionales sobre los plásticos:

- El primer plástico completamente sintético fue la baquelita , fabricada en 1907 por Leo Baekeland. También acuñó la palabra "plásticos".
- La palabra "plástico" proviene de la palabra griega plastikos , que significa que se puede moldear o moldear.
- Aproximadamente un tercio del plástico que se produce se utiliza para fabricar envases. Otro tercio se utiliza para revestimientos y tuberías.
- Los plásticos puros son generalmente insolubles en agua y no tóxicos. Sin embargo, muchos de los aditivos de los plásticos son tóxicos y pueden filtrarse al medio ambiente. Ejemplos de aditivos tóxicos incluyen los ftalatos. Los polímeros no tóxicos también pueden degradarse y convertirse en sustancias químicas cuando se calientan.

Corio y radiactividad después de la fusión nuclear de Chernobyl

¿La 'pata de elefante' de Chernobyl sigue siendo caliente y peligrosa?

El residuo radiactivo más peligroso del mundo es probablemente el "pie de elefante", nombre dado al flujo sólido procedente de la fusión nuclear de la central nuclear de Chernóbil el 26 de abril de 1986. El accidente se produjo durante una prueba de rutina cuando se produjo una subida de tensión. Desencadenó un cierre de emergencia que no salió según lo planeado.

Chernóbil

La temperatura central del reactor aumentó, provocando un aumento de potencia aún mayor, y las barras de control que de otro modo podrían haber controlado la reacción se insertaron demasiado tarde para ayudar. El calor y la energía aumentaron hasta el punto en que el agua utilizada para enfriar el reactor se vaporizó, generando una presión que hizo estallar el conjunto del reactor en una poderosa explosión.

Sin medios para enfriar la reacción, la temperatura se salió de control. Una segunda explosión arrojó parte del núcleo radiactivo al aire, bañando la zona con radiación y provocando incendios. El núcleo comenzó a derretirse, produciendo un material parecido a la lava caliente, excepto que también era tremendamente radiactivo. A medida que el lodo fundido rezumaba por las tuberías restantes y derretía el hormigón, finalmente se endurecía hasta formar una masa que se asemejaba a la pata de un elefante o, para algunos espectadores, a Medusa, la monstruosa Gorgona de la mitología griega.

Pie de elefante

La pata de elefante fue descubierta por trabajadores en diciembre de 1986. Estaba físicamente caliente y nuclearmente caliente, y era radiactiva hasta el punto de que acercarse a ella durante más de unos pocos segundos constituía una sentencia de muerte. Los científicos colocaron una cámara en una rueda y la empujaron para fotografiar y estudiar la masa. Unos cuantos valientes salieron a la misa a tomar muestras para su análisis.

Corio

Lo que los investigadores descubrieron fue que la pata de elefante no era, como algunos esperaban, restos de combustible nuclear. En cambio, era una masa de hormigón derretido, protección del núcleo y arena, todo mezclado. El material recibió el nombre de corio por la parte del reactor que lo produjo.

La pata de elefante cambió con el tiempo, expulsando polvo, agrietándose y descomponiéndose, pero aun así, permaneció demasiado caliente para que los humanos se acercaran.

Composición química

Los científicos analizaron la composición del corium para determinar cómo se formó y el verdadero peligro que representa. Aprendieron que el material se formó a partir de una serie de procesos, desde la fusión inicial del núcleo nuclear en el revestimiento Zircaloy (una aleación de circonio registrada) , hasta la mezcla con arena y silicatos de hormigón hasta una laminación final a medida que la lava se derretía a través de los pisos, solidificándose. Corium es esencialmente un vidrio de silicato heterogéneo que contiene inclusiones:

- Óxidos de uranio (de las pastillas de combustible)
- Óxidos de uranio con circonio (procedentes de la fusión del núcleo en el revestimiento)
- óxidos de circonio con uranio
- óxido de circonio-uranio (Zr-UO)
- silicato de circonio con hasta un 10% de uranio [(Zr,U)SiO4, que se llama chernobylita]
- aluminosilicatos de calcio
- metal
- cantidades más pequeñas de óxido de sodio y óxido de magnesio

Si miraras el corium, verías cerámica, escoria, piedra pómez y metal de color negro y marrón.

Corium (nuclear reactor)

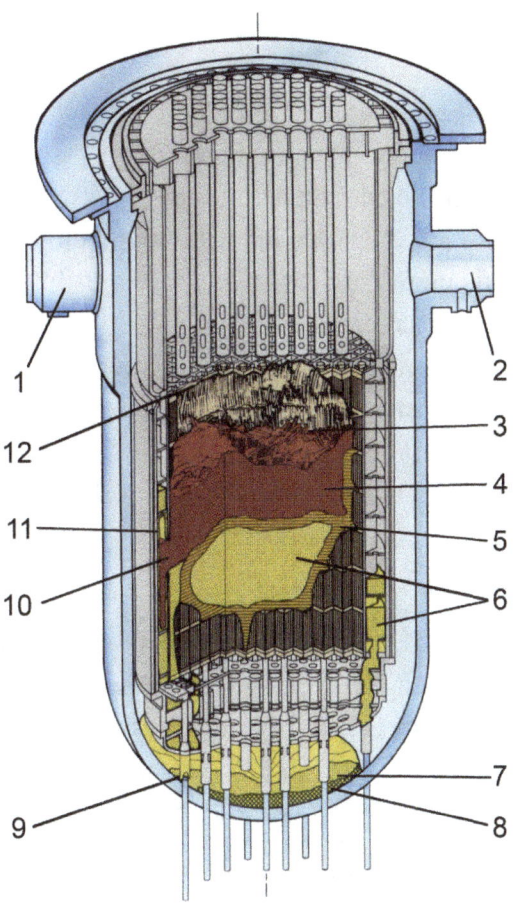

1. Entrada 2B
2. Entrada 1A
3. Cavidad
4. Restos del núcleo sueltos
5. Corteza
6. Material previamente fundido
7. Escombros del pleno inferior
8. Posible región con uranio empobrecido
9. Guía de instrumentos internos para ablación
10. Orificio en placa deflectora
11. Recubrimiento de material previamente fundido en superficies interiores de la región de derivación
12. Placa superior de rejilla superior dañada

¿Todavía hace calor?

La naturaleza de los radioisótopos es que con el tiempo se desintegran en isótopos más estables. Sin embargo, el proceso de desintegración de algunos elementos podría ser lento, y además la "hija" o producto de la desintegración también podría ser radiactiva.

Diez años después del accidente, el corion de la pata de elefante era considerablemente menor, pero seguía siendo tremendamente peligroso. Al cabo de 10 años, la radiación del corium se redujo a 1/10 de su valor inicial, pero la masa permaneció físicamente lo suficientemente caliente y emitió suficiente radiación como para que 500 segundos de exposición produjeran enfermedad por radiación y aproximadamente una hora fuera letal.

La intención era contener la pata de elefante para 2015 en un esfuerzo por disminuir su nivel de amenaza ambiental.

Sin embargo, tal contención no lo hace seguro. Puede que el corium de la pata de elefante no esté tan activo como antes, pero sigue generando calor y derritiéndose en la base de Chernobyl. Si logra encontrar agua, podría producirse otra explosión. Incluso si no ocurriera ninguna explosión, la reacción contaminaría el agua. La pata de elefante se enfriará con el tiempo, pero seguirá siendo radiactiva y (si pudieras tocarla) caliente durante los siglos venideros.

Otras fuentes de corio

Chernobyl no es el único accidente nuclear que produce corio. El corio gris con manchas amarillas también se formó en fusiones parciales en la planta de energía nuclear de Three Mile Island en los EE. UU. en marzo de 1979 y en la planta de energía nuclear de Fukushima Daiichi en Japón en marzo de 2011. El vidrio producido a partir de pruebas atómicas, como la trinitita , es similar.

Bombas atómicas y cómo funcionan

La ciencia detrás de la fisión nuclear y el uranio 235

Hay dos tipos de explosiones atómicas que pueden ser facilitadas por el uranio-235: fisión y fusión. La fisión, en pocas palabras, es una reacción nuclear en la que un núcleo atómico se divide en fragmentos (normalmente dos fragmentos de masa comparable) emitiendo al mismo tiempo entre 100 millones y varios cientos de millones de voltios de energía. Esta energía es expulsada de forma explosiva y violenta en la bomba atómica . Por el contrario, una reacción de fusión suele comenzar con una reacción de fisión. Pero a diferencia de la bomba de fisión (atómica), la bomba de fusión (de hidrógeno) obtiene su poder de la fusión de núcleos de varios isótopos de hidrógeno en núcleos de helio.

Bombas atómicas

Este artículo trata sobre la bomba atómica o bomba atómica . El enorme poder detrás de la reacción en una bomba atómica surge de las fuerzas que mantienen unido al átomo. Estas fuerzas son similares al magnetismo, pero no exactamente iguales.

Acerca de los átomos

Los átomos se componen de varios números y combinaciones de las tres partículas subatómicas: protones, neutrones y electrones. Los protones y neutrones se agrupan para formar el núcleo (masa central) del átomo, mientras que los electrones orbitan alrededor del núcleo, de forma muy parecida a los planetas alrededor del sol. Es el equilibrio y la disposición de estas partículas lo que determina la estabilidad del átomo.

Divisibilidad

La mayoría de los elementos tienen átomos muy estables que son imposibles de dividir excepto mediante bombardeos en aceleradores de partículas. A todos los efectos prácticos, el único elemento natural cuyos átomos se pueden dividir fácilmente es el uranio, un metal pesado con el átomo más grande de todos los elementos naturales y una proporción inusualmente alta de neutrones a protones. Esta proporción más alta no mejora su "divisibilidad", pero sí tiene una influencia importante en su capacidad para facilitar una explosión, lo que convierte al uranio-235 en un candidato excepcional para la fisión nuclear.

Isótopos de uranio

Hay dos isótopos de uranio naturales . El uranio natural se compone principalmente del isótopo U-238, con 92 protones y 146 neutrones (92+146=238) contenidos en cada átomo. A esto se le suma una acumulación del 0,6% de U-235, con sólo 143 neutrones por átomo. Los átomos de este isótopo más ligero se pueden dividir, por lo que es "fisionable" y útil para fabricar bombas atómicas.

El U-238, pesado en neutrones, también tiene un papel que desempeñar en la bomba atómica, ya que sus átomos pesados en neutrones pueden desviar los neutrones perdidos, evitando una reacción en cadena accidental en una bomba de uranio y manteniendo los neutrones contenidos en una bomba de plutonio. El U-238 también puede "saturarse" para producir plutonio (Pu-239), un elemento radiactivo fabricado por el hombre que también se utiliza en bombas atómicas.

Ambos isótopos de uranio son naturalmente radiactivos; sus voluminosos átomos se desintegran con el tiempo. Con el tiempo suficiente (cientos de miles de años), el uranio eventualmente perderá tantas partículas que se convertirá en plomo. Este proceso de descomposición puede acelerarse enormemente en lo que se conoce como reacción en cadena. En lugar de desintegrarse de forma natural y lenta, los átomos se dividen a la fuerza mediante bombardeos con neutrones.

Reacciones en cadena

Un golpe de un solo neutrón es suficiente para dividir el átomo menos estable de U-235, creando átomos de elementos más pequeños (a menudo bario y criptón) y liberando calor y radiación gamma (la forma más poderosa y letal de radiactividad). Esta reacción en cadena ocurre cuando los neutrones "sobrantes" de este átomo salen volando con fuerza suficiente para dividir otros átomos de U-235 con los que entran en contacto. En teoría, es necesario dividir solo un átomo de U-235, lo que liberará neutrones que dividirán otros átomos, que liberarán neutrones... y así sucesivamente. Esta progresión no es aritmética; es geométrico y tiene lugar en una millonésima de segundo.

La cantidad mínima para iniciar una reacción en cadena como se describe anteriormente se conoce como masa supercrítica. Para el U-235 puro, es de 110 libras (50 kilogramos). Sin embargo, ningún uranio es completamente puro, por lo que en realidad se necesitarán más, como U-235, U-238 y Plutonio.

Acerca del plutonio

El uranio no es el único material utilizado para fabricar bombas atómicas. Otro material es el isótopo Pu-239 del elemento artificial plutonio. El plutonio sólo se encuentra naturalmente en trazas diminutas, por lo que se deben producir cantidades utilizables a partir del uranio. En un reactor nuclear, el isótopo U-238, más pesado del uranio, puede verse obligado a adquirir partículas adicionales, convirtiéndose eventualmente en plutonio.

El plutonio no iniciará una reacción en cadena rápida por sí solo, pero este problema se soluciona teniendo una fuente de neutrones o material altamente radiactivo que emita neutrones más rápido que el propio plutonio. En ciertos tipos de bombas, se utiliza una mezcla de los elementos berilio y polonio para provocar esta reacción. Sólo se necesita una pieza pequeña (la masa supercrítica es de aproximadamente 32 libras, aunque se pueden usar tan solo 22). El material no es fisionable en sí mismo, sino que simplemente actúa como catalizador de una reacción mayor.

10 datos interesantes sobre el tritio radiactivo

El tritio es el isótopo radiactivo del elemento hidrógeno. Tiene muchas aplicaciones útiles.

Datos sobre el tritio

- El tritio también se conoce como hidrógeno-3 y tiene un símbolo de elemento T o 3 H. El núcleo de un átomo de tritio se llama tritón y consta de tres partículas: un protón y dos neutrones. La palabra tritio proviene del griego "tritos", que significa "tercero". Los otros dos isótopos del hidrógeno son el protio (forma más común) y el deuterio.

- El tritio tiene un número atómico de 1, como otros isótopos de hidrógeno, pero tiene una masa de aproximadamente 3 (3,016).

- El tritio se desintegra mediante emisión de partículas beta , con una vida media de 12,3 años. La desintegración beta libera 18 keV de energía, donde el tritio se desintegra en helio-3 y una partícula beta. A medida que el neutrón se transforma en protón, el hidrógeno se transforma en helio. Este es un ejemplo de la transmutación natural de un elemento en otro.

- Ernest Rutherford fue la primera persona en producir tritio. Rutherford, Mark Oliphant y Paul Harteck prepararon tritio a partir de deuterio en 1934 pero no pudieron aislarlo. Luis Álvarez y Robert Cornog se dieron cuenta de que el tritio era radiactivo y aislaron con éxito el elemento.

- Trazas de tritio se producen naturalmente en la Tierra cuando los rayos cósmicos interactúan con la atmósfera. La mayor parte del tritio disponible se produce mediante la activación de neutrones del litio-6 en un reactor nuclear. El tritio también se produce mediante la fisión nuclear de uranio-235, uranio-233 y polonio-239. En Estados Unidos, el tritio se produce en una instalación nuclear en Savannah, Georgia. En el momento en que se publicó un informe en 1996, en Estados Unidos sólo se habían producido 225 kilogramos de tritio.

- El tritio puede existir como un gas inodoro e incoloro, como el hidrógeno ordinario, pero el elemento se encuentra principalmente en forma líquida como parte del agua tritiada o T2O, una forma de agua pesada.

- Un átomo de tritio tiene la misma carga eléctrica neta +1 que cualquier otro átomo de hidrógeno, pero el tritio se comporta de manera diferente a los otros isótopos en las reacciones químicas porque los neutrones producen una fuerza nuclear de atracción más fuerte cuando se acerca otro átomo. En consecuencia, el tritio es más capaz de fusionarse con átomos más ligeros para formar otros más pesados.

- La exposición externa al gas tritio o al agua tritiada no es muy peligrosa porque el tritio emite una partícula beta de tan baja energía que la radiación no puede penetrar la piel. El tritio presenta algunos riesgos para la salud si se ingiere, se inhala o ingresa al cuerpo a través de una herida abierta o una inyección. La vida media biológica oscila entre 7 y 14 días, por lo que la bioacumulación de tritio no es una preocupación importante. Debido a que las partículas beta son una forma de radiación ionizante, el efecto esperado en la salud de la exposición interna al tritio sería un riesgo elevado de desarrollar cáncer.

- El tritio tiene muchos usos, incluida la iluminación autoalimentada, como componente de armas nucleares, como marcador radiactivo en trabajos de laboratorio de química, como trazador para estudios biológicos y ambientales y para la fusión nuclear controlada.

- Se liberaron al medio ambiente altos niveles de tritio debido a las pruebas de armas nucleares en las décadas de 1950 y 1960. Antes de las pruebas, se estima que sólo había entre 3 y 4 kilogramos de tritio cn la superficie de la Tierra. Después de las pruebas, los niveles aumentaron entre un 200% y un 300%. Gran parte de este tritio se combinó con oxígeno para formar agua tritiada. Una consecuencia interesante es que el agua tritiada podría rastrearse y utilizarse como herramienta para monitorear el ciclo hidrológico y mapear las corrientes oceánicas.

¿Por qué ocurre la desintegración radiactiva?

Razones de la desintegración radiactiva de un núcleo atómico

La desintegración radiactiva es el proceso espontáneo mediante el cual un núcleo atómico inestable se rompe en fragmentos más pequeños y estables. ¿Alguna vez te has preguntado por qué algunos núcleos se desintegran y otros no?

Es básicamente una cuestión de termodinámica. Cada átomo busca ser lo más estable posible. En el caso de la desintegración radiactiva, la inestabilidad se produce cuando hay un desequilibrio en el número de protones y neutrones en el núcleo atómico. Básicamente, hay demasiada energía dentro del núcleo para mantener unidos a todos los nucleones. El estado de los electrones de un átomo no importa para la desintegración, aunque ellos también tienen su propia forma de encontrar estabilidad. Si el núcleo de un átomo es inestable, eventualmente se romperá y perderá al menos algunas de las partículas que lo hacen inestable.

El núcleo original se llama padre, mientras que el núcleo o núcleos resultantes se llaman hijo o hijas. Es posible que las hijas aún estén radiactivas y eventualmente se rompan en más partes, o podrían estar estables.

Tres tipos de desintegración radiactiva

Hay tres formas de desintegración radiactiva: cuál de ellas sufre un núcleo atómico depende de la naturaleza de la inestabilidad interna. Algunos isótopos pueden descomponerse por más de una vía.

Desintegración alfa

En la desintegración alfa, el núcleo expulsa una partícula alfa, que es esencialmente un núcleo de helio (dos protones y dos neutrones), lo que disminuye el número atómico del progenitor en dos y el número másico en cuatro.

Decaimiento Beta

En la desintegración beta, una corriente de electrones, llamadas partículas beta, son expulsadas del núcleo y un neutrón en el núcleo se convierte en un protón. El número másico del nuevo núcleo es el mismo, pero el número atómico aumenta en uno.

Decaimiento gamma

En la desintegración gamma, el núcleo atómico libera un exceso de energía en forma de fotones de alta energía (radiación electromagnética). El número atómico y el número másico siguen siendo los mismos, pero el núcleo resultante asume un estado energético más estable.

Radioactivo versus estable

Un isótopo radiactivo es aquel que sufre desintegración radiactiva. El término "estable" es más ambiguo, ya que se aplica a elementos que no se rompen, a efectos prácticos, durante un largo período de tiempo. Esto significa que los isótopos estables incluyen aquellos que nunca se rompen, como el protio (consta de un protón, por lo que no queda nada que perder) y los isótopos radiactivos, como el telurio -128, que tiene una vida media de 7,7 x 10 24 años. Los radioisótopos con una vida media corta se denominan radioisótopos inestables.

Algunos isótopos estables tienen más neutrones que protones

Se podría suponer que un núcleo en configuración estable tendría la misma cantidad de protones que de neutrones. Esto es cierto para muchos elementos más ligeros. Por ejemplo, el carbono se encuentra comúnmente con tres configuraciones de protones y neutrones, llamadas isótopos. El número de protones no cambia, ya que esto determina el elemento, pero sí el número de neutrones: el carbono-12 tiene seis protones y seis neutrones y es estable; el carbono-13 también tiene seis protones, pero tiene siete neutrones; El carbono 13 también es estable. Sin embargo, el carbono 14, con seis protones y ocho neutrones, es inestable o radiactivo. El número de neutrones de un núcleo de carbono 14 es demasiado alto para que la fuerte fuerza de atracción lo mantenga unido indefinidamente.

Pero, a medida que se pasa a átomos que contienen más protones, los isótopos son cada vez más estables con un exceso de neutrones. Esto se debe a que los nucleones (protones y neutrones) no están fijos en el núcleo, sino que se mueven y los protones se repelen entre sí porque todos llevan una carga eléctrica positiva. Los neutrones de este núcleo más grande actúan para aislar a los protones de los efectos mutuos.

La relación N:Z y los números mágicos

La proporción de neutrones a protones, o proporción N:Z, es el factor principal que determina si un núcleo atómico es estable o no. Los elementos más ligeros (Z < 20) prefieren tener el mismo número de protones y neutrones o N:Z = 1. Los elementos más pesados (Z = 20 a 83) prefieren una relación N:Z de 1,5 porque se necesitan más neutrones para aislar contra el Fuerza de repulsión entre los protones.

También existen los llamados números mágicos, que son números de nucleones (ya sean protones o neutrones) que son especialmente estables. Si tanto el número de protones como el de neutrones tienen estos valores, la situación se denomina números mágicos dobles. Se puede considerar que esto es el núcleo equivalente a la regla del octeto que rige la estabilidad de la capa de electrones.

Los números mágicos son ligeramente diferentes para protones y neutrones:

> **Protones:** 2, 8, 20, 28, 50, 82, 114
> **Neutrones:** 2, 8, 20, 28, 50, 82, 126, 184

Para complicar aún más la estabilidad, hay más isótopos estables con Z:N par a par (162 isótopos) que pares a impares (53 isótopos), que impares a pares (50) que impares a impares. (4).

Aleatoriedad y desintegración radiactiva

Una nota final: si un núcleo se desintegra o no es un evento completamente aleatorio. La vida media de un isótopo es la mejor predicción para una muestra suficientemente grande de elementos. No se puede utilizar para hacer ningún tipo de predicción sobre el comportamiento de uno o varios núcleos.

10 datos interesantes sobre los átomos

Datos y curiosidades útiles e interesantes sobre el átomo

Todo en el mundo está formado por átomos , por eso es bueno saber algo sobre ellos. Aquí hay 10 datos atómicos interesantes y útiles.

1. Un átomo tiene tres partes. Los protones tienen carga eléctrica positiva y se encuentran junto con los neutrones (sin carga eléctrica) en el núcleo de cada átomo. Los electrones cargados negativamente orbitan alrededor del núcleo.

2. Los átomos son las partículas más pequeñas que forman los elementos . Cada elemento contiene un número diferente de protones. Por ejemplo, todos los átomos de hidrógeno tienen un protón mientras que todos los átomos de carbono tienen seis protones. Parte de la materia consta de un tipo de átomo (p. ej., oro), mientras que otra materia está formada por átomos unidos para formar compuestos (p. ej., cloruro de sodio).

3. Los átomos son en su mayoría espacio vacío. El núcleo de un átomo es extremadamente denso y contiene casi toda la masa de cada átomo. Los electrones aportan muy poca masa al átomo (se necesitan 1.836 electrones para igualar el tamaño de un protón) y orbitan tan lejos del núcleo que cada átomo es un 99,9% de espacio vacío. Si el átomo fuera del tamaño de un estadio deportivo, el núcleo sería del tamaño de un guisante. Aunque el núcleo es mucho más denso en comparación con el resto del átomo, también está formado principalmente por espacio vacío.

4. Hay más de 100 tipos diferentes de átomos. Alrededor de 92 de ellos se producen de forma natural, mientras que el resto se elaboran en laboratorios. El primer átomo nuevo creado por el hombre fue el tecnecio , que tiene 43 protones.

Se pueden formar nuevos átomos agregando más protones a un núcleo atómico. Sin embargo, estos nuevos átomos (elementos) son inestables y se desintegran instantáneamente en átomos más pequeños. Por lo general, sólo sabemos que se creó un nuevo átomo identificando los átomos más pequeños de esta desintegración.

5. Los componentes de un átomo se mantienen unidos por tres fuerzas. Los protones y neutrones se mantienen unidos gracias a las fuerzas nucleares fuertes y débiles. La atracción eléctrica retiene electrones y protones. Si bien la repulsión eléctrica repele a los protones entre sí, la fuerza nuclear de atracción es mucho más fuerte que la repulsión eléctrica. La fuerte fuerza que une a protones y neutrones es 1.038 veces más poderosa que la gravedad, pero actúa en un rango muy corto, por lo que las partículas necesitan estar muy cerca unas de otras para sentir su efecto.

6. La palabra "átomo" proviene de la palabra griega que significa "indivisible" o "indiviso". El nombre proviene del filósofo griego Demócrito, del siglo V a. C., quien creía que la materia estaba formada por partículas que no podían dividirse en partículas más pequeñas. Durante

mucho tiempo, la gente creyó que los átomos eran la unidad fundamental de materia "indivisible". Si bien los átomos son los componentes básicos de los elementos, estos se pueden dividir en partículas aún más pequeñas. Además, la fisión nuclear y la desintegración nuclear pueden romper los átomos en átomos más pequeños.

7. Los átomos son muy pequeños. El átomo promedio tiene aproximadamente una décima parte de una milmillonésima parte de un metro de diámetro. El átomo más grande (cesio) es aproximadamente nueve veces más grande que el átomo más pequeño (helio).

8. Aunque los átomos son la unidad más pequeña de un elemento, están formados por partículas aún más pequeñas llamadas quarks y leptones. Un electrón es un leptón. Los protones y los neutrones constan de tres quarks cada uno.

9. El tipo de átomo más abundante en el universo es el átomo de hidrógeno. Casi el 74% de los átomos de la Vía Láctea son átomos de hidrógeno.

10. Tienes alrededor de 7 billones de billones de átomos en tu cuerpo , ¡pero reemplazas alrededor del 98% de ellos cada año!

Cómo derretir latas de aluminio en casa

Reciclar aluminio para manualidades u otros proyectos

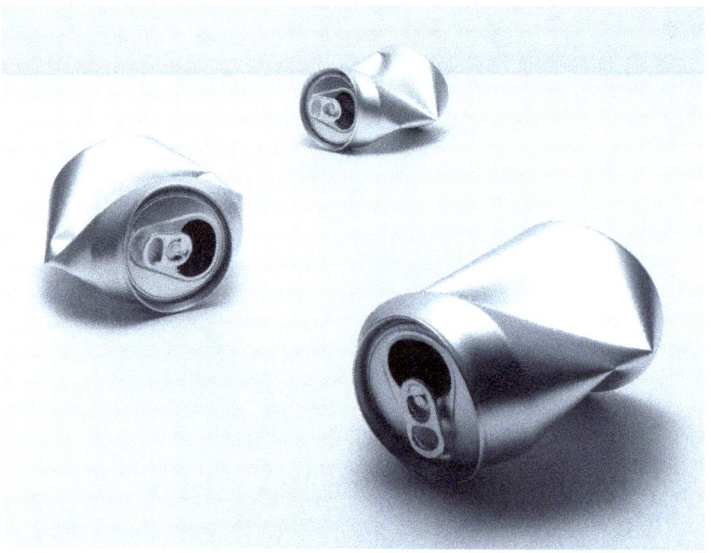

El aluminio es un metal común y útil , conocido por su resistencia a la corrosión , maleabilidad y peso ligero. Es lo suficientemente seguro como para usarse cerca de alimentos y en contacto con la piel. Es mucho más fácil reciclar este metal que purificarlo a partir de minerales. Puedes derretir latas de aluminio viejas para obtener aluminio fundido. Vierte el metal en un molde adecuado para hacer joyas, utensilios de cocina, adornos, esculturas o para otro proyecto de metalurgia. Es una excelente introducción al reciclaje doméstico.

Conclusiones clave: derretir latas de aluminio

- El aluminio es un metal abundante y versátil que se recicla fácilmente.
- El punto de fusión del aluminio es lo suficientemente bajo como para poder fundirlo con un soplete de mano. Sin embargo, el proyecto avanza más rápidamente utilizando un horno o horno.
- El aluminio reciclado se puede utilizar para hacer esculturas, contenedores y joyas.

Materiales para fundir latas de aluminio

Derretir latas no es complicado, pero es un proyecto solo para adultos porque implica altas temperaturas. Querrá trabajar en un área limpia y bien ventilada.

No es necesario limpiar las latas antes de derretirlas ya que la materia orgánica (revestimiento plástico, restos de refresco, etc.) se quemará durante el proceso.

- Latas de aluminio
- Horno pequeño del horno eléctrico (u otra fuente de calor que alcance la temperatura adecuada, como un soplete de propano)
- Crisol de acero (u otro metal con un punto de fusión mucho más alto que el del aluminio, pero más bajo que el de su horno; podría ser un recipiente resistente de acero inoxidable o una sartén de hierro fundido)
- guantes resistentes al calor
- Pinzas metálicas
- Moldes en los que verterás el aluminio (acero, hierro , etc., sé creativo)

Derretir el aluminio

- El primer paso que deberás dar es triturar las latas para poder cargar tantas como sea posible en el crisol. Obtendrá aproximadamente 1 libra de aluminio por cada 40 latas. Cargue sus latas en el recipiente que está usando como crisol y coloque el crisol dentro del horno. Cerrar la tapa.

- Encienda el horno a 1220 °F. Este es el punto de fusión del aluminio (660,32 °C, 1220,58 °F), pero por debajo del punto de fusión del acero. El aluminio se derretirá casi inmediatamente una vez que alcance esta temperatura. Deje aproximadamente medio minuto a esta temperatura para asegurarse de que el aluminio esté fundido.

- Póngase gafas de seguridad y guantes resistentes al calor. Debe usar una camisa de manga larga, pantalones largos y zapatos con punta cubierta cuando trabaje con materiales extremadamente calientes (o fríos).

- Abre el horno. Utilice unas pinzas para retirar el crisol lenta y cuidadosamente. ¡No metas la mano dentro del horno! Es una buena idea revestir el camino desde el horno hasta el molde con una bandeja de metal o papel de aluminio para ayudar en la limpieza de derrames.

- Vierte el aluminio líquido en el molde. El aluminio tardará unos 15 minutos en solidificarse por sí solo. Si lo deseas, puedes colocar el molde en un balde con agua fría después de unos minutos. Si hace esto, tenga cuidado, ya que se producirá vapor.

- Es posible que quede algo de material sobrante en su crisol. Puedes sacar los restos del crisol golpeándolo boca abajo sobre una superficie dura, como el concreto. Puedes utilizar el mismo proceso para sacar el aluminio de los moldes. Si tienes problemas, cambia la temperatura del molde. El aluminio y el molde (que es un meta diferente) tendrán un coeficiente de expansión diferente, que puedes utilizar a tu favor al liberar un metal de otro.

- Recuerde apagar su horno cuando haya terminado. Reciclar no tiene mucho sentido si estás desperdiciando energía, ¿verdad?

¿Sabías?

Volver a fundir aluminio para reciclarlo es mucho menos costoso y utiliza menos energía que producir aluminio nuevo a partir de la electrólisis del óxido de aluminio (Al2O3). El reciclaje utiliza aproximadamente el 5% de la energía necesaria para fabricar el metal a partir de su mineral en bruto. Aproximadamente el 36% del aluminio en los Estados Unidos proviene de metal reciclado. Brasil es líder mundial en reciclaje de aluminio. El país recicla el 98,2% de sus latas de aluminio.

Ideas de proyectos para la feria de ciencias químicas

El mejor proyecto de feria de ciencias de química es aquel que responde una pregunta o resuelve un problema. Puede ser un desafío tener una idea de proyecto, pero mirar una lista de proyectos de química que otras personas han realizado puede estimular una idea similar en usted. O puede tomar una idea y pensar en un nuevo enfoque para el problema o la pregunta.

Consejos para encontrar una buena idea para su proyecto de química

- Escriba la idea de su proyecto en forma de hipótesis según el método científico. Si puede, proponga entre cinco y diez hipótesis y trabaje con la que tenga más sentido.

- Tenga en cuenta cuánto tiempo tiene para completar el proyecto, así que no seleccione un proyecto de ciencias que tarde meses en completarse si solo tiene unas pocas semanas. Recuerde, se necesita tiempo para analizar los datos y preparar su informe. También es posible que su experimento no funcione según lo planeado, lo que requeriría que desarrolle un proyecto alternativo. Una buena regla general es elegir una idea que requiera menos de la mitad del tiempo total del que dispones.

- No descarte una idea sólo porque no parece ajustarse a su nivel educativo. Muchos proyectos se pueden hacer más simples o más complejos para adaptarse a su nivel.

- Tenga en cuenta su presupuesto y materiales. La gran ciencia no tiene por qué costar mucho. Además, es posible que algunos materiales no estén disponibles en el lugar donde vive.

- Considere la temporada. Por ejemplo, si bien un proyecto de cultivo de cristales podría funcionar bien en condiciones invernales secas, podría resultar difícil lograr que los cristales crezcan durante una estación lluviosa y húmeda. Y un proyecto que implique la germinación de semillas puede funcionar mejor en primavera y verano (cuando las semillas están frescas y la luz del sol es favorable) que a finales de otoño o en invierno.

- No tengas miedo de pedir ayuda. Los padres, profesores y otros estudiantes pueden ayudarle a perfeccionar la idea de un proyecto para la feria de ciencias.

- Siga las reglas y regulaciones. Si no se le permite utilizar animales vivos, no elija un proyecto con animales. Si no tendrá acceso a la electricidad, no elija un proyecto que requiera un tomacorriente. Un poco de planificación puede salvarte de decepciones.

Ejemplos de buenas ideas para proyectos de química

La siguiente es una lista de ideas de proyectos interesantes y económicos para ferias de ciencias. Considere los diferentes enfoques científicos que puede adoptar para responder cada pregunta.

1. ¿Puedes usar una luz negra para detectar derrames invisibles o manchas malolientes en alfombras o en otras partes de la casa? ¿Puedes predecir qué tipos de materiales brillarán bajo una luz negra?

2. ¿Enfriar una cebolla antes de cortarla evitará que llores ?

3. ¿La hierba gatera repele a las cucarachas mejor que el DEET?

4. ¿Qué proporción de vinagre y bicarbonato de sodio produce la mejor erupción química de un volcán?

5. ¿Qué fibra de tela da como resultado el teñido anudado más brillante?

6. ¿Qué tipo de film plástico previene mejor la evaporación?

7. ¿Qué film plástico previene mejor la oxidación?

8. ¿Qué marca de pañal absorbe más líquido?

9. ¿Qué porcentaje de una naranja es agua?

10. ¿Los insectos nocturnos se sienten atraídos por las lámparas debido al calor o la luz?

11. ¿ Puedes hacer gelatina con piñas frescas en lugar de piñas enlatadas ?

12. ¿Las velas blancas arden a un ritmo diferente que las velas de colores?

13. ¿La presencia de detergente en el agua afecta el crecimiento de las plantas?

14. ¿Qué tipo de anticongelante para automóviles es más seguro para el medio ambiente?

15. ¿Las diferentes marcas de jugo de naranja contienen diferentes niveles de vitamina C ?

16. ¿El nivel de vitamina C en el jugo de naranja cambia con el tiempo?

17. ¿Cambia el nivel de vitamina C en el jugo de naranja después de abrir el envase?

18. ¿Puede una solución saturada de cloruro de sodio disolver las sales de Epsom?

19. ¿ Qué tan efectivos son los repelentes de mosquitos naturales ?

20. ¿El magnetismo afecta el crecimiento de las plantas?

21. ¿ Las naranjas ganan o pierden vitamina C después de ser recolectadas?

22. ¿Cómo afecta la forma de un cubo de hielo a la rapidez con la que se derrite?

23. ¿Cómo varía la concentración de azúcar en diferentes marcas de jugos de manzana?

24. ¿La temperatura de almacenamiento afecta el pH del jugo?

25. ¿La presencia del humo del cigarrillo afecta la tasa de crecimiento de las plantas?

26. ¿Las diferentes marcas de palomitas de maíz dejan diferentes cantidades de granos sin reventar?

27. ¿Cómo afectan las diferencias en las superficies la adhesión de la cinta?

Ideas de proyectos para la feria de ciencias químicas por tema

También puede realizar una lluvia de ideas para su proyecto investigando temas que le interesen. Haga clic en los enlaces para encontrar ideas de proyectos según el tema.

Ácidos, Bases y pH : Son proyectos de química relacionados con la acidez y la alcalinidad, en su mayoría dirigidos a los niveles de secundaria y preparatoria.

Cafeína : ¿Lo tuyo es el café o el té? Estos proyectos se refieren principalmente a experimentos con bebidas con cafeína, incluidas las bebidas energéticas.

Cristales : Los cristales pueden considerarse geología, ciencia física o química. Los temas varían en niveles desde la escuela primaria hasta la universidad.

Ciencias ambientales : los proyectos de ciencias ambientales cubren la ecología, la evaluación de la salud ambiental y la búsqueda de formas de resolver problemas relevantes.

Fuego, velas y combustión : explore la ciencia de la combustión. Debido a que hay fuego involucrado, estos proyectos son mejores para niveles de grado más altos.

Química de los alimentos y la cocina : hay mucha ciencia relacionada con los alimentos. Además, es un tema de investigación al que todos pueden acceder.

Química Verde : La química verde busca minimizar el impacto ambiental de la química. Es un buen tema para estudiantes de secundaria y preparatoria.

Pruebas de proyectos domésticos : la investigación de productos domésticos es accesible y fácilmente identificable, lo que lo convierte en un tema interesante de feria de ciencias para estudiantes que normalmente no disfrutan de la ciencia.

Imanes y magnetismo : explore el magnetismo y compare diferentes tipos de imanes.

Materiales : La ciencia de los materiales puede relacionarse con la ingeniería, la geología o la química. Incluso existen materiales biológicos que se pueden utilizar para proyectos.

Química de plantas y suelos : los proyectos de ciencias de plantas y suelos a menudo requieren un poco más de tiempo que otros proyectos, pero todos los estudiantes tienen acceso a los materiales.

Plásticos y polímeros : Los plásticos y los polímeros no son tan complicados y confusos como podría pensar. Estos proyectos pueden considerarse una rama de la química.

Contaminación : Explore las fuentes de contaminación y diferentes formas de prevenirla o controlarla.

Sal y azúcar : la sal y el azúcar son dos ingredientes que cualquiera debería poder encontrar, y hay muchas formas de explorar estos artículos domésticos comunes.

Física y química del deporte : los proyectos de ciencias del deporte pueden resultar atractivos para los estudiantes que no ven cómo la ciencia se relaciona con la vida cotidiana. Estos proyectos pueden ser de particular interés para los deportistas.

Colores imposibles y cómo verlos

Los colores prohibidos o imposibles son colores que tus ojos no pueden percibir debido a su forma de funcionar. En la teoría del color, la razón por la que no puedes ver ciertos colores es por el proceso del oponente.

Cómo funcionan los colores imposibles

Básicamente, el ojo humano tiene tres tipos de células cónicas que registran el color y funcionan de forma antagónica:

- Azul versus amarillo
- Rojo versus verde
- Luz versus oscuridad

Hay una superposición entre las longitudes de onda de la luz cubiertas por las células de los conos, por lo que se ve algo más que azul, amarillo, rojo y verde. El blanco, por ejemplo, no es una longitud de onda de la luz, pero el ojo humano lo percibe como una mezcla de diferentes colores espectrales. Debido al proceso del oponente, no puedes ver el azul y el amarillo al mismo tiempo, ni el rojo y el verde. Estas combinaciones son los llamados colores imposibles.

Descubrimiento de colores imposibles

Si bien normalmente no se pueden ver tanto el rojo como el verde o el azul y el amarillo, el científico visual Hewitt Crane y su colega Thomas Piantanida publicaron un artículo en Science afirmando que tal percepción era posible. En su artículo de 1983 "Sobre ver el verde rojizo y el azul amarillento", afirmaron que los voluntarios que observaban franjas rojas y verdes adyacentes podían ver el verde rojizo, mientras que los observadores de las franjas amarillas y azules adyacentes podían ver el azul amarillento. Los investigadores utilizaron un rastreador ocular para mantener las imágenes en una posición fija con respecto a los ojos del voluntario, de modo que las células de la retina fueran estimuladas constantemente por la misma franja. Por ejemplo, es posible que un cono siempre vea una franja amarilla, mientras que otro cono siempre vea una franja azul. Los voluntarios informaron que los bordes entre las franjas se desvanecieron entre sí y que el color de la interfaz era un color que nunca habían visto antes: rojo y verde simultáneos o azul y amarillo.

Se ha informado de un fenómeno similar en personas con sinestesia de color de grafema . En la sinestesia del color, un espectador puede ver diferentes letras de palabras con colores opuestos. Una "o" roja y una "f" verde de la palabra "de" pueden producir un verde rojizo en los bordes de las letras.

Colores quiméricos

Los colores imposibles, el verde rojizo y el azul amarillento, son colores imaginarios que no se encuentran en el espectro luminoso. Otro tipo de color imaginario es el color quimérico. Un color quimérico se ve mirando un color hasta que las células del cono se fatigan y luego mirando un color diferente. Esto produce una imagen residual percibida por el cerebro, no por los ojos.

Ejemplos de colores quiméricos incluyen:

- **Colores autoluminosos** : Los colores autoluminosos parecen brillar aunque no se emita luz. Un ejemplo es el "rojo autoluminoso", que se puede ver mirando fijamente el verde y luego el blanco. Cuando los conos verdes están fatigados, la imagen residual es roja. Mirar el blanco hace que el rojo parezca más brillante que el blanco, como si brillara.

- **Colores estigios** : Los colores estigios son oscuros y sobresaturados. Por ejemplo, el "azul estigio" se puede ver mirando el amarillo brillante y luego el negro. La imagen residual normal es de color azul oscuro. Cuando se ve contra el negro, el azul resultante es tan oscuro como el negro, pero tiene color. Los colores estigios aparecen sobre el negro porque ciertas neuronas sólo envían señales en la oscuridad.

- **Colores hiperbólicos** : Los colores hiperbólicos están sobresaturados. Se puede ver un color hiperbólico mirando fijamente un color brillante y luego observando su color complementario. Por ejemplo, mirar fijamente el magenta produce una imagen residual verde. Si miras fijamente el magenta y luego miras algo verde, la imagen residual es "verde hiperbólico". Si miras fijamente el cian brillante y luego ves la imagen residual naranja sobre un fondo naranja, verás "naranja hiperbólico".

Los colores quiméricos son colores imaginarios que son fáciles de ver. Básicamente, todo lo que necesitas hacer es enfocarte en un color durante 30 a 60 segundos y luego ver la imagen residual contra el blanco (autoluminoso), el negro (estigio) o el color complementario (hiperbólico).

Cómo ver colores imposibles
Los colores imposibles como el verde rojizo o el azul amarillento son más difíciles de ver. Para intentar ver estos colores, coloque un objeto amarillo y un objeto azul uno al lado del otro y cruce los ojos para que los dos objetos se superpongan. El mismo procedimiento funciona para el verde y el rojo. La región superpuesta puede parecer una mezcla de los dos colores (es decir, verde para azul y amarillo, marrón para rojo y verde), un campo de puntos de los colores componentes o un color desconocido que es a la vez rojo/verde o amarillo. /azul a la vez.

El argumento contra los colores imposibles

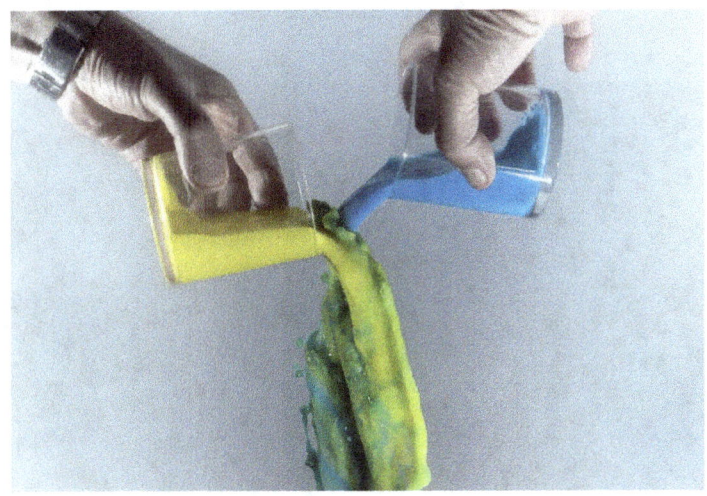

Algunos investigadores sostienen que los llamados colores imposibles, el azul amarillento y el verde rojizo, son en realidad colores intermedios. Un estudio de 2006 realizado por Po-Jang Hsieh y su equipo en Dartmouth College repitió el experimento de Crane de 1983 , pero proporcionó un mapa de colores detallado. Los encuestados en esta prueba identificaron el marrón (un color mixto) en lugar del verde rojizo. Si bien los colores quiméricos son colores imaginarios bien documentados, la posibilidad de colores imposibles sigue siendo discutida.

Los 8 experimentos científicos más espeluznantes

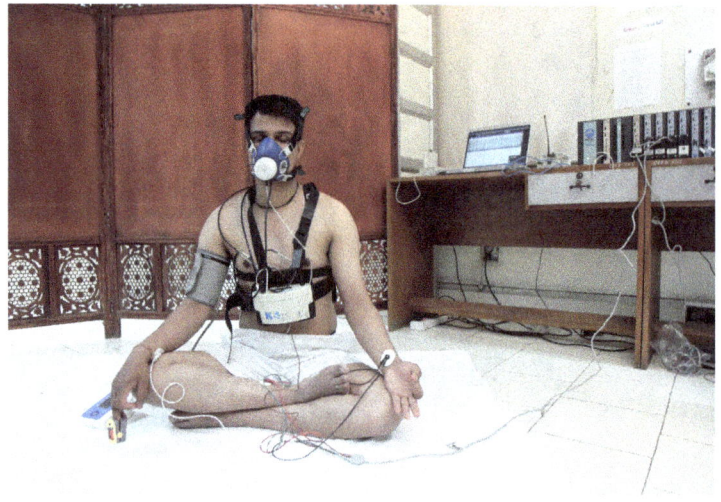

Cuando la ciencia funciona como se supone que debe hacerlo, los experimentos están bien pensados, realizados éticamente y diseñados para responder preguntas importantes. Pero cuando la ciencia no funciona como se supone que debe hacerlo, terminas con testículos injertados, cabras araña genéticamente modificadas y elefantes bajo tratamiento con LSD. Aquí hay una lista de los ocho experimentos científicos más espeluznantes, que involucran tanto a sujetos humanos como a conejillos de indias involuntarios del reino animal.

Los trasplantes testiculares del Dr. Stanley

Se podría pensar que lo peor de la prisión de San Quentin sería la comida abominable y la atención no deseada de sus compañeros presos. Pero si usted estuvo preso aquí entre 1910 y 1950, podría haberse encontrado a merced del cirujano jefe Leo Stanley, un fanático creyente en la eugenesia que simultáneamente quería esterilizar a los prisioneros violentos y "rejuvenecerlos" con nuevas fuentes de testosterona.

Al principio, Stanley simplemente injertó los testículos de reclusos más jóvenes recientemente ejecutados en hombres mucho mayores (y a menudo seniles) que cumplían cadena perpetua; luego, cuando sus suministros de gónadas humanas se agotaron, machacó los testículos recién desprendidos de cabras, cerdos y ciervos hasta obtener una pasta que inyectó en el abdomen de los prisioneros. Algunos pacientes afirmaron sentirse más saludables y con más energía después de este extraño "tratamiento", pero dada la falta de rigor experimental, no está claro si la ciencia ganó algo a largo plazo. Sorprendentemente, después de retirarse de San Quentin, Stanley trabajó como médico en un crucero, donde, con suerte, se limitó a repartir aspirinas y antiácidos.

"¿Qué obtienes cuando cruzas una araña y una cabra?"

No hay nada tan tedioso como recolectar seda de las arañas . En primer lugar, las arañas tienden a ser muy, muy pequeñas, por lo que un solo técnico de laboratorio tendría que "ordeñar" miles de individuos sólo para llenar un solo tubo de ensayo. En segundo lugar, las arañas son extremadamente territoriales, por lo que cada uno de estos individuos tendría que mantenerse aislado de los demás, en lugar de encerrarlos en una sola jaula. ¿Qué hacer? Bueno, claro: simplemente empalme el gen de la araña responsable de crear la seda en el genoma de un animal más manejable, como, por ejemplo, una cabra. Eso es exactamente lo que hicieron investigadores de la Universidad de Wyoming en 2010, lo que dio como resultado una población de cabras que exprimieron hebras de seda en la leche de sus madres. Por lo demás, insiste la universidad, las cabras son perfectamente normales, pero no te sorprendas si un día visitas Wyoming y ves una angora peluda colgando de la parte inferior de un acantilado.

El experimento de la prisión de Stanford

Es el experimento más infame de la historia; incluso fue el tema de su propia película, estrenada en 2015. En 1971, el profesor de psicología de la Universidad de Stanford, Philip Zimbardo, reclutó a 24 estudiantes, a la mitad de los cuales asignó como "prisioneros" y a la otra mitad como "guardias", en una prisión improvisada. en el sótano del edificio de psicología.

En dos días, los "guardias" comenzaron a hacer valer su poder de maneras desagradables, y los "prisioneros" resistieron y luego se rebelaron abiertamente, en un momento usaron sus camas para bloquear la puerta del sótano. Entonces las cosas realmente se salieron de control: los guardias tomaron represalias obligando a los prisioneros a dormir desnudos sobre concreto, cerca de cubos con sus propios excrementos, y un recluso sufrió un colapso total, pataleando y gritando con una rabia incontrolable. ¿El resultado de este experimento? Personas por lo demás normales y razonables pueden sucumbir a sus demonios más oscuros cuando se les otorga "autoridad", lo que ayuda a explicar todo, desde los campos de concentración nazis hasta el centro de detención de Abu Ghraib.

Proyecto Alcachofa y MK-ULTRA

"¿Podemos controlar a un individuo hasta el punto de que cumpla nuestras órdenes en contra de su voluntad, e incluso en contra de leyes fundamentales de la naturaleza, como la autoconservación?" Esa es una línea real de un memorando real de la CIA, escrito en 1952, que analiza la idea de usar drogas, hipnosis, patógenos microbianos, aislamiento prolongado y quién sabe qué más para obtener información de agentes enemigos y cautivos intransigentes.

Cuando se escribió este memorando, el Proyecto Alcachofa ya había estado activo durante un año, y los sujetos de sus técnicas abusivas incluían a homosexuales, minorías raciales y prisioneros militares. En 1953, el Proyecto Alcachofa mutó en el mucho más siniestro MK-ULTRA, que añadió LSD a su arsenal de herramientas que alteran la mente. Lamentablemente, la mayoría de los registros de estos experimentos fueron destruidos por el entonces director de la CIA, Richard Helms, en 1973, cuando el escándalo Watergate abrió la desagradable posibilidad de que los detalles sobre MK-ULTRA se hicieran públicos.

El estudio de sífilis de Tuskegee

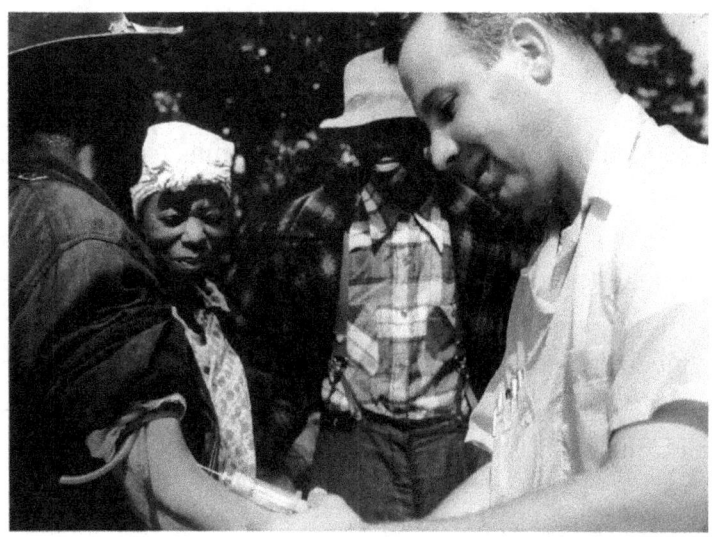

A pesar de su horrible reputación actual, el Estudio de Sífilis de Tuskegee comenzó en 1932 con las mejores intenciones. Ese año, el Servicio de Salud Pública de Estados Unidos se asoció con la Universidad de Tuskegee, una institución negra, para estudiar y tratar a hombres afroamericanos infectados con sífilis, una enfermedad de transmisión sexual. Los problemas comenzaron en lo más profundo de la Gran Depresión , cuando el Estudio de Sífilis de Tuskegee perdió su financiación. Sin embargo, en lugar de disolverse, los investigadores continuaron observando (pero no tratando) a sus sujetos infectados durante las siguientes décadas; Peor aún, a estos sujetos se les negó la penicilina incluso después de que se demostró (en estudios realizados en otros lugares) que este antibiótico era una cura eficaz.

El Estudio de Sífilis de Tuskegee, una sorprendente violación de la ética científica y médica, está en la raíz de las generaciones de desconfianza entre los afroamericanos hacia el sistema médico estadounidense y explica por qué algunos activistas todavía están convencidos de que el virus del SIDA fue diseñado deliberadamente por la CIA para infectar a poblaciones minoritarias.

Pinky y Cerebro

A veces uno debe preguntarse si los científicos pasan la mitad del día parados alrededor de dispensadores de agua diciendo cosas como: "¿Qué tal si cruzamos un pollo con un cerdo? ¿No? Vale, ¿qué tal un mapache y un arce?". Siguiendo la tradición de la cabra araña descrita anteriormente, investigadores del Centro Médico de la Universidad de Rochester recientemente fueron noticia al trasplantar células gliales humanas (que aíslan y protegen las neuronas) en cerebros de ratones. Una vez insertadas, las células gliales se multiplicaron rápidamente y se convirtieron en astrocitos, las células en forma de estrella que fortalecen las conexiones neuronales; la diferencia es que los astrocitos humanos son mucho más grandes que los astrocitos de ratón y tienen cientos de veces más conexiones.

Si bien los ratones experimentales no se sentaron exactamente a leer La decadencia y caída del Imperio Romano , sí mostraron una memoria y capacidades cognitivas mejoradas, hasta el punto de que las ratas (que son más inteligentes que los ratones) han sido el objetivo de la siguiente ronda de estudios. investigación.

El ataque de los mosquitos asesinos

Hoy en día no se oye mucho sobre la "guerra entomológica", es decir, aprovechar enjambres de insectos para infectar, inutilizar y matar a soldados y no combatientes enemigos. Sin embargo, a mediados de la década de 1950, las batallas contra los insectos que picaban eran un gran problema, como lo atestiguan tres "experimentos" separados realizados por el ejército de los EE. UU. En la "Operación Drop Kick" de 1955, se lanzaron desde el aire 600.000 mosquitos en barrios negros de Florida, lo que provocó decenas de enfermedades.

Ese año, la "Operación Big Buzz" fue testigo de la distribución de 300.000 mosquitos, también en barrios mayoritariamente minoritarios, y los resultados (indocumentados) sin duda también incluyeron numerosas enfermedades. Para que otros insectos no se sintieran celosos, estos experimentos se llevaron a cabo poco después de la "Operación Big Itch", en la que cientos de miles de pulgas de ratas tropicales fueron cargadas en misiles y arrojadas a un campo de pruebas en Utah.

"¡Tengo una gran idea, pandilla! ¡Démosle ácido a un elefante!"

La droga alucinógena LSD no irrumpió en la corriente principal estadounidense hasta mediados de la década de 1960; antes de eso, fue objeto de intensas investigaciones científicas. Algunos de estos experimentos fueron razonables, otros siniestros y otros simplemente irresponsables. En 1962, un psiquiatra de la Facultad de Medicina de la ciudad de Oklahoma inyectó a un elefante adolescente 297 miligramos de LSD, más de 1.000 veces la dosis humana típica.

A los pocos minutos, el desafortunado sujeto, Tusko, se tambaleó, se dobló, bramó fuerte, cayó al suelo, defecó y sufrió un ataque epiléptico; En un intento por resucitarlo, los investigadores le inyectaron una dosis enorme de un fármaco utilizado para tratar la esquizofrenia, momento en el que Tusko expiró rápidamente. El artículo resultante, publicado en la reconocida revista científica Nature , de alguna manera concluyó que el LSD "puede resultar valioso en el trabajo de control de elefantes en África".

Una breve historia de la teoría atómica

Comenzó con el atomismo, que finalmente condujo a la mecánica cuántica.

La teoría atómica es una descripción científica de la naturaleza de los átomos y la materia que combina elementos de la física, la química y las matemáticas. Según la teoría moderna, la materia está formada por pequeñas partículas llamadas átomos, que a su vez están formadas por partículas subatómicas . Los átomos de un elemento dado son idénticos en muchos aspectos y diferentes de los átomos de otros elementos. Los átomos se combinan en proporciones fijas con otros átomos para formar moléculas y compuestos.

La teoría ha evolucionado con el tiempo, desde la filosofía del atomismo hasta la mecánica cuántica moderna. Aquí hay una breve historia de la teoría atómica:

El átomo y el atomismo

El filósofo griego Demócrito.

La teoría atómica se originó como un concepto filosófico en la antigua India y Grecia. La palabra "átomo" proviene de la antigua palabra griega atomos , que significa indivisible. Según el atomismo, la materia está formada por partículas discretas. Sin embargo, la teoría era una de muchas explicaciones de la materia y no se basaba en datos empíricos. En el siglo V a. C., Demócrito propuso que la materia estaba formada por unidades indestructibles e indivisibles llamadas átomos. El poeta romano Lucrecio registró la idea, por lo que sobrevivió durante la Edad Media para su consideración posterior.

La teoría atómica de Dalton

Hubo que esperar hasta finales del siglo XVIII para que la ciencia proporcionara pruebas concretas de la existencia de los átomos. En 1789, Antoine Lavoisier formuló la ley de conservación de la masa, que establece que la masa de los productos de una reacción es la misma que la masa de los reactivos. Diez años después, Joseph Louis Proust propuso la ley de las proporciones definidas, que establece que las masas de los elementos en un compuesto siempre se encuentran en la misma proporción.

Estas teorías no hacían referencia a los átomos, sin embargo, John Dalton se basó en ellas para desarrollar la ley de proporciones múltiples, que establece que las proporciones de masas de elementos en un compuesto son números enteros pequeños. La ley de proporciones múltiples de Dalton se basó en datos experimentales. Propuso que cada elemento químico consta de un solo tipo de átomo que no puede ser destruido por ningún medio químico. Su presentación oral (1803) y publicación (1805) marcaron el inicio de la teoría atómica científica.

En 1811, Amedeo Avogadro corrigió un problema con la teoría de Dalton cuando propuso que volúmenes iguales de gases a igual temperatura y presión contienen el mismo número de partículas. La ley de Avogadro permitió estimar con precisión las masas atómicas de los elementos e hizo una distinción clara entre átomos y moléculas.

Otra contribución significativa a la teoría atómica la hizo en 1827 el botánico Robert Brown, quien notó que las partículas de polvo que flotaban en el agua parecían moverse aleatoriamente sin razón conocida. En 1905, Albert Einstein postuló que el movimiento browniano se debía al movimiento de las moléculas de agua. El modelo y su validación en 1908 por Jean Perrin apoyaron la teoría atómica y la teoría de partículas.

Modelo de pudín de ciruela y modelo de Rutherford

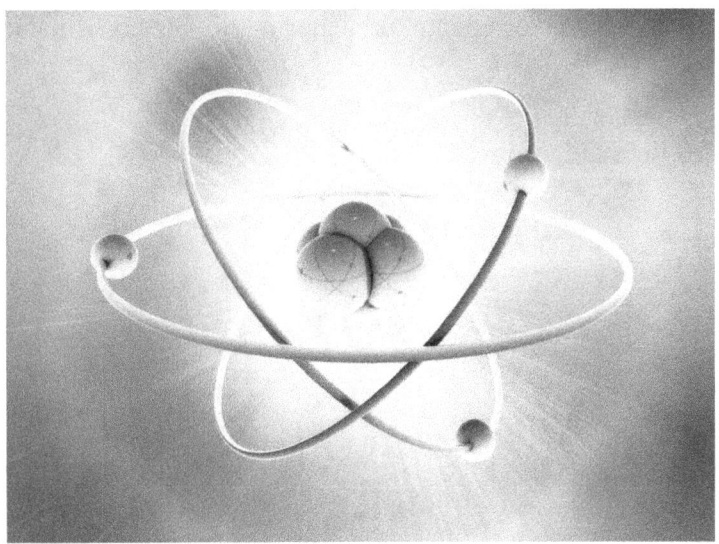

Hasta ese momento, se creía que los átomos eran las unidades más pequeñas de la materia. En 1897, JJ Thomson descubrió el electrón. Creía que los átomos se podían dividir. Debido a que el electrón llevaba una carga negativa, propuso un modelo del átomo de pudín de pasas, en el que los electrones estaban incrustados en una masa de carga positiva para producir un átomo eléctricamente neutro.

Ernest Rutherford, uno de los estudiantes de Thomson, refutó el modelo del pudín de ciruelas en 1909. Rutherford descubrió que la carga positiva de un átomo y la mayor parte de su masa estaban en el centro o núcleo de un átomo. Describió un modelo planetario en el que los electrones orbitaban alrededor de un núcleo pequeño con carga positiva.

Modelo del átomo de Bohr

Rutherford estaba en el camino correcto, pero su modelo no podía explicar los espectros de emisión y absorción de los átomos, ni por qué los electrones no chocaban contra el núcleo. En 1913, Niels Bohr propuso el modelo de Bohr, que establece que los electrones sólo orbitan alrededor del núcleo a distancias específicas de éste. Según su modelo, los electrones no podían entrar en espiral hacia el núcleo, pero sí podían realizar saltos cuánticos entre niveles de energía.

Teoría atómica cuántica

El modelo de Bohr explicaba las líneas espectrales del hidrógeno, pero no se extendía al comportamiento de los átomos con múltiples electrones. Varios descubrimientos ampliaron la comprensión de los átomos. En 1913, Frederick Soddy describió los isótopos, que eran formas de un átomo de un elemento que contenía diferente número de neutrones. Los neutrones fueron descubiertos en 1932.

Louis de Broglie propuso un comportamiento ondulatorio de las partículas en movimiento, que Erwin Schrödinger describió mediante la ecuación de Schrödinger (1926). Esto, a su vez, condujo al principio de incertidumbre de Werner Heisenberg (1927), que establece que no es posible conocer simultáneamente la posición y el momento de un electrón.

La mecánica cuántica condujo a una teoría atómica en la que los átomos están formados por partículas más pequeñas. El electrón se puede encontrar potencialmente en cualquier parte del átomo, pero se encuentra con mayor probabilidad en un orbital atómico o en un nivel de energía. En lugar de las órbitas circulares del modelo de Rutherford, la teoría atómica moderna describe orbitales que pueden ser esféricos, con forma de mancuerna, etc. Para átomos con un gran número de electrones, entran en juego efectos relativistas, ya que las partículas se mueven a una fracción de la velocidad. velocidad de la luz.

Los científicos modernos han descubierto partículas más pequeñas que forman los protones, neutrones y electrones, aunque el átomo sigue siendo la unidad más pequeña de materia que no se puede dividir por medios químicos.

¿Qué es la silicona?

El polímero sintético se utiliza en plantillas de zapatos, implantes mamarios y desodorantes.

Las siliconas son un tipo de polímero sintético , un material hecho de unidades químicas repetidas más pequeñas llamadas monómeros que están unidas entre sí en largas cadenas. La silicona consta de una columna vertebral de silicio y oxígeno, con "cadenas laterales" que consisten en grupos de hidrógeno y/o hidrocarburos unidos a los átomos de silicio. Debido a que su columna vertebral no contiene carbono, la silicona se considera un polímero inorgánico , que se diferencia de los muchos polímeros orgánicos cuyas cadenas principales están hechas de carbono.

Los enlaces silicio-oxígeno en la columna vertebral de silicona son muy estables y se unen con más fuerza que los enlaces carbono-carbono presentes en muchos otros polímeros. Por tanto, la silicona tiende a ser más resistente al calor que los polímeros orgánicos convencionales.

Las cadenas laterales de la silicona hacen que el polímero sea hidrófobo , lo que lo hace útil para aplicaciones que pueden requerir repeler el agua. Las cadenas laterales, que normalmente consisten en grupos metilo , también dificultan que la silicona reaccione con otras sustancias químicas y evita que se adhiera a muchas superficies. Estas propiedades se pueden ajustar cambiando los grupos químicos unidos a la columna vertebral de silicio-oxígeno.

La silicona en la vida cotidiana

La silicona es duradera, fácil de fabricar y estable en una amplia gama de productos químicos y temperaturas. Por estas razones, la silicona se ha comercializado mucho y se utiliza en muchas industrias, incluidas la automoción, la construcción, la energía, la electrónica, la química, los revestimientos, los textiles y el cuidado personal. El polímero también tiene una variedad de otras aplicaciones, que van desde aditivos hasta tintas de impresión y los ingredientes que se encuentran en los desodorantes.

Descubrimiento de la silicona

El químico Frederic Kipping acuñó por primera vez el término "silicona" para describir los compuestos que elaboraba y estudiaba en su laboratorio. Razonó que debería poder fabricar compuestos similares a los que se podrían fabricar con carbono e hidrógeno, ya que el silicio y el carbono compartían muchas similitudes. El nombre formal para describir estos compuestos era "silicocetona", que acortó a silicona.

Kipping estaba mucho más interesado en acumular observaciones sobre estos compuestos que en descubrir exactamente cómo funcionaban. Pasó muchos años preparándolos y nombrándolos. Otros científicos ayudarían a descubrir los mecanismos fundamentales detrás de las siliconas.

En la década de 1930, un científico de la empresa Corning Glass Works intentaba encontrar un material adecuado para incluirlo en el aislamiento de piezas eléctricas. La silicona funcionó para la aplicación debido a su capacidad de solidificarse bajo calor. Este primer desarrollo comercial llevó a que la silicona se fabricara ampliamente.

Silicona versus silicio versus sílice

Aunque "silicona" y "silicio" se escriben de manera similar, no son lo mismo.

La silicona contiene silicio , un elemento atómico con un número atómico de 14. El silicio es un elemento natural con muchos usos, sobre todo como semiconductor en electrónica. La silicona, por otro lado, es artificial y no conduce la electricidad, ya que es un aislante . La silicona no se puede utilizar como parte de un chip dentro de un teléfono móvil, aunque es un material popular para las carcasas de los teléfonos móviles.

"Sílice", que suena como "silicio", se refiere a una molécula que consta de un átomo de silicio unido a dos átomos de oxígeno. El cuarzo está hecho de sílice.

Tipos de silicona y sus usos

Hay varias formas diferentes de silicona, que varían en su grado de reticulación. El grado de reticulación describe cuán interconectadas están las cadenas de silicona; valores más altos dan como resultado un material de silicona más rígido. Esta variable altera propiedades como la resistencia del polímero y su punto de fusión .

Las formas de silicona, así como algunas de sus aplicaciones, incluyen:

- Los fluidos de silicona , también llamados aceites de silicona, consisten en cadenas lineales del polímero de silicona sin reticulación. Estos fluidos se han utilizado como lubricantes, aditivos para pinturas e ingredientes en cosméticos.

- Los geles de silicona tienen pocos enlaces cruzados entre las cadenas de polímeros. Estos geles se han utilizado en cosmética y como formulación tópica para el tejido cicatricial, ya que la silicona forma una barrera que ayuda a que la piel se mantenga hidratada. Los geles de silicona también se utilizan como materiales para implantes mamarios y la parte blanda de algunas plantillas de zapatos .

- Los elastómeros de silicona , también llamados cauchos de silicona, incluyen aún más enlaces cruzados, lo que produce un material similar al caucho. Estos cauchos se han utilizado como aislantes en la industria electrónica, sellos en vehículos aeroespaciales y guantes de cocina para hornear.

- Las resinas de silicona son una forma rígida de silicona y con una alta densidad dc reticulación. Estas resinas se han utilizado en revestimientos resistentes al calor y como materiales resistentes a la intemperie para proteger edificios.

Toxicidad de la silicona

Debido a que la silicona es químicamente inerte y más estable que otros polímeros, no se espera que reaccione con partes del cuerpo. Sin embargo, la toxicidad depende de factores como el tiempo de exposición, la composición química, los niveles de dosis, el tipo de exposición, la absorción de la sustancia química y la respuesta individual.

Los investigadores han examinado la posible toxicidad de la silicona buscando efectos como irritación de la piel, cambios en el sistema reproductivo y mutaciones. Aunque algunos tipos de silicona mostraron potencial para irritar la piel humana, los estudios han demostrado que la exposición a cantidades estándar de silicona generalmente produce pocos o ningún efecto adverso.

Puntos clave

- La silicona es un tipo de polímero sintético. Tiene una columna vertebral de silicio y oxígeno, con "cadenas laterales" que consisten en grupos de hidrógeno y/o hidrocarburos unidos a los átomos de silicio.

- La columna vertebral de silicio-oxígeno hace que la silicona sea más estable que los polímeros que tienen cadenas principales de carbono-carbono.
- La silicona es duradera, estable y fácil de fabricar. Por estos motivos, se ha comercializado ampliamente y se encuentra en muchos artículos cotidianos.
- La silicona contiene silicio, que es un elemento químico natural.
- Las propiedades de la silicona cambian a medida que aumenta el grado de reticulación. Los fluidos de silicona, que no tienen reticulación, son los menos rígidos. Las resinas de silicona, que tienen un alto nivel de reticulación, son las más rígidas.

Cómo hacer un arcoíris en un vaso

No es necesario utilizar muchos productos químicos diferentes para crear una columna de densidad colorida . Este proyecto utiliza soluciones de azúcar coloreadas elaboradas en diferentes concentraciones . Las soluciones formarán capas, desde la menos densa, en la parte superior, hasta la más densa (concentrada) en el fondo del vaso.

Dificultad: Fácil
Tiempo requerido: minutos

Qué necesitas

- Azúcar
- Agua
- Colorante alimenticio
- Cucharada
- 5 vasos o vasos de plástico transparente

El proceso

- Alinea cinco vasos. Agrega 1 cucharada (15 g) de azúcar al primer vaso, 2 cucharadas (30 g) de azúcar al segundo vaso, 3 cucharadas de azúcar (45 g) al tercer vaso y 4 cucharadas de azúcar (60 g) al primer vaso. el cuarto vaso. El quinto vaso queda vacío.
- Agrega 3 cucharadas (45 ml) de agua a cada uno de los primeros 4 vasos. Revuelva cada solución. Si el azúcar no se disuelve en ninguno de los cuatro vasos, añade una cucharada más (15 ml) de agua a cada uno de los cuatro vasos.
- Agregue 2-3 gotas de colorante alimentario rojo al primer vaso , colorante alimentario amarillo al segundo vaso, colorante alimentario verde al

tercer vaso y colorante alimentario azul al cuarto vaso. Revuelva cada solución.

- Ahora hagamos un arco iris usando las diferentes soluciones de densidad . Llene el último vaso aproximadamente hasta un cuarto de su capacidad con la solución de azúcar azul.

- Con cuidado, coloque una capa de solución de azúcar verde sobre el líquido azul. Haga esto colocando una cuchara en el vaso, justo encima de la capa azul, y vertiendo la solución verde lentamente sobre el dorso de la cuchara. Si haces esto bien, no alterarás mucho la solución azul. Agregue la solución verde hasta que el vaso esté medio lleno.

- Ahora coloque una capa de solución amarilla sobre el líquido verde, usando el dorso de la cuchara. Llene el vaso hasta las tres cuartas partes de su capacidad.

- Finalmente, coloque una capa de solución roja sobre el líquido amarillo. Llena el vaso hasta el final.

Seguridad y consejos

- Las soluciones de azúcar son miscibles o mezclables, por lo que los colores se mezclarán entre sí y eventualmente se mezclarán.

- Si agitas el arcoíris, ¿qué pasará? Debido a que esta columna de densidad está hecha con diferentes concentraciones del mismo producto químico (azúcar o sacarosa), la agitación mezclaría la solución. No se desmezclará como lo haría con aceite y agua.
- Trate de evitar el uso de colorantes alimentarios en gel. Es difícil mezclar los geles con la solución.
- Si el azúcar no se disuelve, una alternativa a agregar más agua es calentar las soluciones en el microondas durante unos 30 segundos a la vez hasta que el azúcar se disuelva. Si calientas el agua, ten cuidado para evitar quemaduras.
- Si desea hacer capas que pueda beber, intente sustituir el colorante alimentario por una mezcla de refresco sin azúcar, o cuatro sabores de una mezcla endulzada por el azúcar más colorante.
- Deje que las soluciones calentadas se enfríen antes de verterlas. Evitarás quemaduras, además el líquido se espesará a medida que se enfríe por lo que las capas no se mezclarán tan fácilmente.
- Utilice un recipiente estrecho en lugar de uno ancho para ver mejor los colores.

Ejemplos de difusión en química

10 ejemplos de difusión

La difusión es el movimiento de átomos, iones o moléculas desde un área de mayor concentración a otra de menor concentración. El transporte de materia continúa hasta que se alcanza el equilibrio y hay una concentración uniforme a través del material.

Difusión

- La difusión es el movimiento de partículas de mayor concentración a menor concentración.

- La difusión continúa hasta que se alcanza el equilibrio. En equilibrio, la concentración es la misma en toda la muestra.
- Ejemplos familiares de difusión son el transporte de perfume cuando se rocía en una habitación o el movimiento de colorante alimentario en un vaso de agua.

Ejemplos de difusión

- El perfume se rocía en una parte de la habitación, pero pronto se difunde de modo que puedes olerlo por todas partes.
- Una gota de colorante alimentario se difunde por el agua de un vaso para que, con el tiempo, todo el vaso quede coloreado.
- Al preparar una taza de té, las moléculas del té salen de la bolsita de té y se difunden por toda la taza de agua.
- Al agitar la sal en agua, la sal se disuelve y los iones se mueven hasta que se distribuyen uniformemente.
- Después de encender un cigarrillo, el humo se propaga por todas partes de la habitación.
- Después de colocar una gota de colorante alimentario en un cuadrado de gelatina, el color se extenderá a un color más claro por todo el bloque.

- Las burbujas de dióxido de carbono se difunden desde un refresco abierto, dejándolo plano.
- Si coloca una rama de apio marchita en agua, el agua se difundirá en la planta y la hará firme nuevamente.
- El agua se difunde en los fideos cocidos, haciéndolos más grandes y suaves.
- Un globo de helio se desinfla un poco todos los días a medida que el helio se difunde a través del globo hacia el aire.
- Si colocas un terrón de azúcar en agua, el azúcar se disolverá y endulzará uniformemente el agua sin tener que revolverla.

Experimento de difusión simple

Comprueba la difusión por ti mismo con este sencillo experimento.

- 2 vasos de agua
- Aceite de bebé o aceite vegetal
- Agua
- Colorante alimenticio
- Llene un vaso casi lleno de agua.
- En un segundo vaso echamos un poco de aceite y unas gotas de colorante alimentario. Puedes utilizar varios colores de colorantes alimentarios, pero ten cuidado de no mezclarlos.

- Mezcle el aceite y el colorante alimentario para romper las gotas en gotas más pequeñas.
- Vierta el aceite y el colorante alimentario en el vaso de agua. El colorante alimentario cae al agua y se difunde.

Amplíe este proyecto comparando la tasa de difusión en agua caliente versus agua fría. Si usa diferentes colores de colorantes alimentarios, explore la teoría del color y vea qué obtiene cuando se mezclan dos colores diferentes. Por ejemplo, el rojo y el azul forman el morado, el amarillo y el azul forman el verde, y así sucesivamente. ¿Puedes explicar por qué el colorante alimentario se difunde en el agua, pero no en el aceite?

Difusión versus otros procesos de transporte

La difusión, junto con la ósmosis y la difusión facilitada, son tipos de procesos de transporte pasivo. Lo que esto significa es que no se requiere energía para que ocurran estos procesos. Son termodinámicamente favorables y están impulsados por el potencial químico o energía libre de Gibbs.

Por el contrario, los procesos de transporte activo requieren el aporte de energía para que se produzca. El transporte activo incluye el transporte activo primario (directo) y el transporte activo secundario (indirecto). El primero utiliza moléculas de energía como mediadores de transporte. El segundo acopla el movimiento de las moléculas con un transporte termodinámicamente favorable.

Tipos de difusión

Existen varios tipos de difusión, entre ellos:

- La difusión anisotrópica mejora los gradientes altos.
- La difusión atómica ocurre en los sólidos.
- La difusión de Bohm implica el transporte de plasma a través de campos magnéticos.
- La difusión en remolino implica un flujo turbulento.
- La difusión de Knudsen es la difusión de un gas a través de poros largos donde se producen colisiones con las paredes.
- La difusión molecular es el movimiento de moléculas de alta concentración a baja concentración.

Fuegos artificiales acuáticos para niños

Los fuegos artificiales son una parte hermosa y divertida de muchas celebraciones, pero no es algo que quieras que los niños hagan ellos mismos, pero incluso los exploradores muy jóvenes pueden experimentar con estos "fuegos artificiales" submarinos seguros.

Que necesitas

- Agua
- Aceite
- Colorante alimenticio
- Vidrio alto y transparente
- Otra taza o vaso
- Tenedor

Crear fuegos artificiales en un vaso

- Llene el vaso alto casi hasta arriba con agua a temperatura ambiente. El agua tibia también está bien.
- En el otro vaso vierte un poco de aceite (1 a 2 cucharadas).
- Agrega un par de gotas de colorante alimentario.
- Revuelva brevemente el aceite y el colorante alimentario mezclados con un tenedor. Desea dividir las gotas de colorante alimentario en gotas más pequeñas, pero no mezclar bien el líquido.
- Vierta la mezcla de aceite y colorante en el vaso alto.
- ¡Ahora mira! El colorante alimentario se hundirá lentamente en el vaso y cada gota se expandirá hacia afuera a medida que cae, asemejándose a los fuegos artificiales que caen al agua.

Cómo funciona

El colorante alimentario se disuelve en agua, pero no en aceite. Cuando revuelves el colorante alimentario en el aceite, estás rompiendo las gotas de colorante (aunque las gotas que entran en contacto entre sí se fusionarán... azul + rojo = morado). El aceite es menos denso que el agua, por lo que flotará en la parte superior del vaso. A medida que las gotas de colores se hunden en el fondo del aceite, se mezclan con el agua. El color se difunde hacia afuera a medida que la gota de color más intenso cae al fondo.

¿Qué porcentaje del cerebro humano se utiliza?

Desmentiendo el mito del 10%

Es posible que hayas oído que los humanos sólo utilizan el 10 por ciento de su capacidad cerebral y que si pudieras desbloquear el resto de tu capacidad cerebral, podrías hacer mucho más. Podrías convertirte en un súper genio o adquirir poderes psíquicos como lectura de mentes y telequinesis. Sin embargo, existe un poderoso conjunto de pruebas que desacreditan el mito del 10 por ciento. Los científicos han demostrado sistemáticamente que los humanos utilizan todo su cerebro a lo largo del día.

A pesar de la evidencia, el mito del 10 por ciento ha inspirado muchas referencias en la imaginación cultural.

Películas como "Limitless" y "Lucy" muestran a protagonistas que desarrollan poderes divinos gracias a drogas que liberan el 90 por ciento del cerebro, antes inaccesible. Un estudio de 2013 mostró que alrededor del 65 por ciento de los estadounidenses creen en el tropo, y un estudio de 1998 mostró que un tercio de los estudiantes de psicología, que se centran en el funcionamiento del cerebro, cayeron en la trampa.

Neuropsicología

La neuropsicología estudia cómo la anatomía del cerebro afecta el comportamiento, las emociones y la cognición de una persona. A lo largo de los años, los científicos del cerebro han demostrado que diferentes partes del cerebro son responsables de funciones específicas , ya sea reconocer colores o resolver problemas . Contrariamente al mito del 10 por ciento, los científicos han demostrado que cada parte del cerebro es parte integral de nuestro funcionamiento diario, gracias a técnicas de imágenes cerebrales como la tomografía por emisión de positrones y la resonancia magnética funcional.

La investigación aún tiene que encontrar un área del cerebro que esté completamente inactiva. Incluso los estudios que miden la actividad a nivel de neuronas individuales no han revelado áreas inactivas del cerebro . Muchos estudios de imágenes cerebrales que miden la actividad cerebral cuando una persona realiza una tarea específica muestran cómo funcionan juntas las diferentes partes del cerebro. Por ejemplo, mientras lees este texto en tu teléfono inteligente, algunas partes de tu cerebro, incluidas las responsables de la visión, la comprensión lectora y la sujeción del teléfono, estarán más activas.

Sin embargo, algunas imágenes cerebrales apoyan involuntariamente el mito del 10 por ciento , porque a menudo muestran pequeñas manchas brillantes en un cerebro que de otro modo sería gris. Esto puede implicar que sólo los puntos brillantes tienen actividad cerebral, pero ese no es el caso. Más bien, las manchas de colores representan áreas del cerebro que están más activas cuando alguien realiza una tarea que cuando no lo hace. Las manchas grises siguen activas, aunque en menor grado.

Una contradicción más directa al mito del 10 por ciento reside en las personas que han sufrido daño cerebral (a través de un derrame cerebral, un traumatismo craneoencefálico o una intoxicación por monóxido de carbono) y lo que ya no pueden hacer como resultado de ese daño, o aún pueden hacer igual de bien. Bueno. Si el mito del 10 por ciento fuera cierto, el daño a quizás el 90 por ciento del cerebro no afectaría el funcionamiento diario.

Sin embargo, los estudios muestran que dañar incluso una parte muy pequeña del cerebro puede tener consecuencias devastadoras. Por ejemplo, el daño al área de Broca dificulta la formación adecuada de palabras y el habla fluida, aunque la comprensión general del lenguaje permanece intacta. En un caso muy publicitado, una mujer de Florida perdió permanentemente su "capacidad de pensamientos, percepciones, recuerdos y emociones que son la esencia misma del ser humano" cuando la falta de oxígeno destruyó la mitad de su cerebro, que constituye alrededor del 85 por ciento de su cerebro. el cerebro.

Argumentos evolucionistas

Otra línea de evidencia contra el mito del 10 por ciento proviene de la evolución. El cerebro adulto sólo constituye el 2 por ciento de la masa corporal, pero consume más del 20 por ciento de la energía del cuerpo. En comparación, el cerebro adulto de muchas especies de vertebrados (incluidos algunos peces, reptiles, aves y mamíferos) consume entre el 2 y el 8 por ciento de la energía de su cuerpo . El cerebro ha sido moldeado por millones de años de selección natural , que transmite rasgos favorables para aumentar la probabilidad de supervivencia. Es poco probable que el cuerpo dedique tanta energía a mantener funcionando todo el cerebro si sólo utiliza el 10 por ciento del cerebro.

El origen del mito

El principal atractivo del mito del 10 por ciento es la idea de que podrías hacer mucho más si pudieras desbloquear el resto de tu cerebro. Incluso con amplia evidencia que sugiere lo contrario, ¿por qué mucha gente todavía cree que los humanos sólo usan el 10 por ciento de su cerebro? En primer lugar, no está claro cómo se difundió el mito, pero se ha popularizado gracias a los libros de autoayuda e incluso puede que también esté basado en estudios de neurociencia más antiguos y defectuosos.

El mito podría estar alineado con los mensajes propugnados por los libros de superación personal, que le muestran formas de hacerlo mejor y alcanzar su "potencial". Por ejemplo, el prefacio del famoso "Cómo ganar amigos e influir en las personas" dice que la persona promedio "desarrolla sólo el 10 por ciento de su capacidad mental latente". Esta afirmación, que se remonta al psicólogo William James, se refiere al potencial de una persona para lograr más que a la cantidad de materia cerebral que utilizó. Otros incluso han dicho que Einstein explicó su brillantez utilizando el mito del 10 por ciento, aunque estas afirmaciones siguen siendo infundadas.

Otra posible fuente del mito radica en áreas cerebrales "silenciosas" de investigaciones neurocientíficas más antiguas. En la década de 1930, por ejemplo, el neurocirujano Wilder Penfield conectó electrodos a los cerebros expuestos de sus pacientes con epilepsia mientras los operaba. Se dio cuenta de que determinadas áreas del cerebro desencadenaban la experiencia de diversas sensaciones, mientras que otras parecían no provocar ninguna reacción . Aún así, a medida que la tecnología evolucionó, los investigadores descubrieron que estas áreas cerebrales "silenciosas", que incluían los lóbulos prefrontales , tenían funciones importantes después de todo.

Déjà Vu: la ciencia detrás del inquietante sentimiento de familiaridad

Si alguna vez has tenido la sensación de que una situación te resulta muy familiar aunque sabes que no debería resultarte familiar en absoluto, como si estuvieras viajando a una ciudad por primera vez, entonces probablemente hayas experimentado un déjà vu. . Déjà vu, que significa "ya visto" en francés, combina la falta de familiaridad objetiva (que sabes, basándose en amplia evidencia, que algo no debería ser familiar) con la familiaridad subjetiva (esa sensación de que de todos modos te resulta familiar).

El déjà vu es común. Según un artículo publicado en 2004, más de 50 encuestas sobre déjà vu sugirieron que alrededor de dos tercios de las personas lo han experimentado al menos una vez en su vida, y muchos reportan múltiples experiencias. Esta cifra también parece estar aumentando a medida que la gente se vuelve más consciente de lo que es el déjà vu.

La mayoría de las veces, el déjà vu se describe en términos de lo que se ve, pero no es específico de la visión e incluso las personas que nacieron ciegas pueden experimentarlo.

Medición del Déjà Vu

El déjà vu es difícil de estudiar en el laboratorio porque es una experiencia fugaz y también porque no existe un desencadenante claramente identificable para ello. Sin embargo, los investigadores han utilizado varias herramientas para estudiar el fenómeno, basándose en las hipótesis que han planteado. Los investigadores pueden encuestar a los participantes; estudiar procesos posiblemente relacionados, especialmente aquellos involucrados en la memoria; o diseñar otros experimentos para sondear el déjà vu.

Como el déjà vu es difícil de medir, los investigadores han postulado muchas explicaciones sobre cómo funciona. A continuación se presentan varias de las hipótesis más destacadas.

Explicaciones de la memoria

Las explicaciones de la memoria del déjà vu se basan en la idea de que usted ha experimentado previamente una situación, o algo muy parecido, pero no recuerda conscientemente que lo ha hecho. En cambio, lo recuerdas inconscientemente , por lo que te resulta familiar aunque no sepas por qué.

Familiaridad con un solo elemento

La hipótesis de la familiaridad con un solo elemento sugiere que experimentas un déjà vu si un elemento de la escena te resulta familiar pero no lo reconoces conscientemente porque está en un entorno diferente, como si ves a tu peluquero en la calle.

Tu cerebro todavía encuentra familiar a tu barbero incluso si no lo reconoces, y generaliza ese sentimiento de familiaridad a toda la escena. Otros investigadores también han ampliado esta hipótesis a múltiples elementos.

Familiaridad Gestalt

La hipótesis de la familiaridad gestalt se centra en cómo se organizan los elementos en una escena y cómo se produce el déjà vu cuando experimentas algo con un diseño similar. Por ejemplo, es posible que no hayas visto antes el cuadro de tu amigo en su sala de estar, pero tal vez hayas visto una habitación diseñada como la sala de estar de tu amigo: un cuadro colgado sobre el sofá, frente a una estantería. Como no recuerdas la otra habitación, experimentas un déjà vu.

Una ventaja de la hipótesis de la similitud Gestalt es que se puede probar de forma más directa. En un estudio , los participantes observaron habitaciones en realidad virtual, luego se les preguntó qué tan familiar era una nueva habitación y si sentían que estaban experimentando un déjà vu.

Los investigadores descubrieron que los participantes del estudio que no podían recordar las habitaciones antiguas tendían a pensar que una habitación nueva les resultaba familiar y que estaban experimentando un déjà vu si la habitación nueva se parecía a las antiguas. Además, cuanto más similar era la habitación nueva a una habitación antigua, más altas eran estas calificaciones.

Explicaciones neurológicas

Actividad cerebral espontánea
Algunas explicaciones postulan que el déjà vu se experimenta cuando hay actividad cerebral espontánea

no relacionada con lo que estás experimentando actualmente. Cuando eso sucede en la parte de tu cerebro que se ocupa de la memoria, puedes tener una falsa sensación de familiaridad.

Alguna evidencia proviene de personas con epilepsia del lóbulo temporal , cuando se produce una actividad eléctrica anormal en la parte del cerebro que se ocupa de la memoria. Cuando los cerebros de estos pacientes son estimulados eléctricamente como parte de una evaluación previa a la cirugía, pueden experimentar un déjà vu.

Un investigador sugiere que experimentas un déjà vu cuando el sistema parahipocámpico, que ayuda a identificar algo como familiar, falla aleatoriamente y te hace pensar que algo te resulta familiar cuando no debería.
Otros han dicho que el déjà vu no puede aislarse de un único sistema de familiaridad, sino que involucra múltiples estructuras involucradas en la memoria y las conexiones entre ellas.

Velocidad de transmisión neuronal
Otras hipótesis se basan en la velocidad a la que viaja la información a través del cerebro. Diferentes áreas de su cerebro transmiten información a áreas de "orden superior" que combinan la información para ayudarlo a

darle sentido al mundo. Si este complejo proceso se interrumpe de alguna manera (tal vez una parte envía algo más lento o más rápido de lo habitual), entonces su cerebro interpreta incorrectamente su entorno.

¿Qué explicación es correcta?

Una explicación para el déjà vu sigue siendo difícil de alcanzar, aunque las hipótesis anteriores parecen tener un hilo común: un error temporal en el procesamiento cognitivo. Por ahora, los científicos pueden seguir diseñando experimentos que investiguen más directamente la naturaleza del déjà vu, para estar más seguros de la explicación correcta.

¿Qué es la sinestesia? Definición y tipos

¿Tiene el sonido un sabor? Podría ser sinestesia

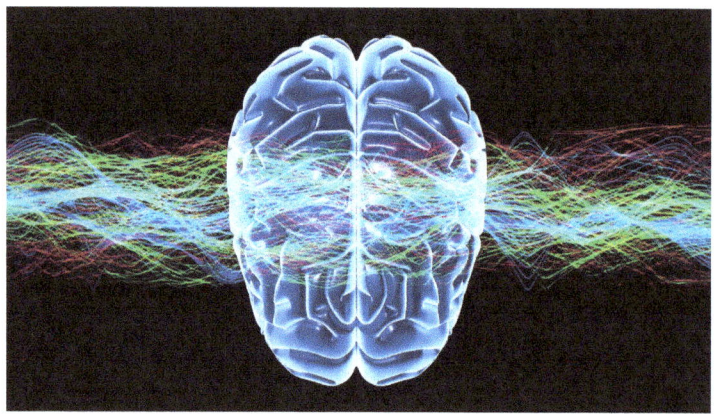

El término " sinestesia " proviene de las palabras griegas syn , que significa "juntos", y aisthesis , que significa "sensación". La sinestesia es una percepción en la que la estimulación de una vía sensorial o cognitiva provoca experiencias en otro sentido o vía cognitiva. En otras palabras, un sentido o concepto está conectado a un sentido o concepto diferente, como oler colores o saborear una palabra. La conexión entre vías es involuntaria y constante en el tiempo, más que consciente o arbitraria. Entonces, una persona que experimenta sinestesia no piensa en la conexión y siempre establece exactamente la misma relación entre dos sensaciones o pensamientos. La sinestesia es un modo atípico de percepción, no una condición médica o anomalía neurológica. Una persona que experimenta síntesis durante toda su vida se llama sinestésico .

Tipos de sinestesia

Hay muchos tipos diferentes de sinestesia, pero se pueden clasificar en uno de dos grupos: sinestesia asociativa y sinestesia proyectiva . Un asociado siente una conexión entre un estímulo y un sentido, mientras que un proyector en realidad ve, oye, siente, huele o saborea un estímulo. Por ejemplo, un asociador podría escuchar un violín y asociarlo fuertemente con el color azul, mientras que un proyector podría escuchar un violín y ver el color azul proyectado en el espacio como si fuera un objeto físico.

Existen al menos 80 tipos conocidos de sinestesia, pero algunos son más comunes que otros:

- **Cromestesia** : en esta forma común de sinestesia, los sonidos y los colores se asocian entre sí. Por ejemplo, la nota musical "D" puede corresponder a ver el color verde.

- **Sinestesia grafema-color** : Esta es una forma común de sinestesia que se caracteriza por ver grafemas (letras o números) sombreados con un color. Los sinestésicos no asocian los mismos colores para un grafema entre sí, aunque la letra "A" parece ser roja para muchas personas. Las personas que experimentan sinestesia grafema-color a veces informan que ven colores imposibles cuando aparecen grafemas rojo y verde o azul y amarillo uno al lado del otro en una palabra o número.

- **Forma numérica :** una forma numérica es una forma mental o mapa de números que resulta de ver o pensar en números.

- **Sinestesia léxico-gustatoria :** este es un tipo raro de sinestesia en el que escuchar una palabra resulta en probar un sabor. Por ejemplo, el nombre de una persona puede saber a chocolate.

- **Sinestesia al tacto del espejo :** aunque es poco común, la sinestesia al tacto del espejo es digna de mención porque puede alterar la vida de un sinestésico. En esta forma de sinestesia, un individuo siente la misma sensación en respuesta a un estímulo que otra persona. Por ejemplo, ver a una persona que le tocan el hombro haría que el sinestésico también sintiera un golpe en el hombro.

Se producen muchas otras formas de sinestesia, incluyendo olor-color, mes-sabor, sonido-emoción, sonido-tacto, color del día, color del dolor y color de la personalidad (auras).

Cómo funciona la sinestesia

Los científicos aún tienen que determinar definitivamente el mecanismo de la sinestesia. Puede deberse a un aumento de la comunicación cruzada entre regiones especializadas del cerebro . Otro posible mecanismo es que la inhibición de una vía neuronal se reduzca en los sinestésicos, lo que permite el procesamiento multisensorial de los estímulos. Algunos investigadores creen que la sinestesia se basa en la forma en que el cerebro extrae y asigna el significado de un estímulo (ideastesia).

¿Quién tiene sinestesia?

Julia Simner, psicóloga que estudia sinestesia en la Universidad de Edimburgo, estima que al menos el 4% de la población tiene sinestesia y que más del 1% de las personas tiene sinestesia grafema-color (números y letras de colores). Más mujeres tienen sinestesia que hombres. Algunas investigaciones sugieren que la incidencia de la sinestesia puede ser mayor en personas con autismo y en personas zurdas. Se debate acaloradamente si existe o no un componente genético en el desarrollo de esta forma de percepción.

¿Se puede desarrollar sinestesia?

Hay casos documentados de personas no sinestésicas que desarrollan sinestesia. Específicamente, los traumatismos craneoencefálicos, los accidentes cerebrovasculares, los tumores cerebrales y la epilepsia del lóbulo temporal pueden producir sinestesia. La sinestesia temporal puede resultar de la exposición a las drogas psicodélicas mescalina o LSD , de la privación sensorial o de la meditación.

Es posible que los no sinestésicos puedan desarrollar asociaciones entre diferentes sentidos a través de la práctica consciente. Una ventaja potencial de esto es la mejora de la memoria y el tiempo de reacción. Por ejemplo, una persona puede reaccionar al sonido más rápidamente que a la vista o puede recordar una serie de colores mejor que una serie de números. Algunas personas con cromastesia tienen un tono perfecto porque pueden identificar notas como colores específicos. La sinestesia se asocia con una mayor creatividad y habilidades cognitivas inusuales. Por ejemplo, el sinestésico Daniel Tammet estableció un récord europeo al expresar 22.514 dígitos del número pi de memoria utilizando su capacidad para ver los números como colores y formas.

Cómo funcionan las luces de neón (una explicación sencilla)

Demostración sencilla de por qué los gases nobles no reaccionan

Las luces de neón son coloridas, brillantes y confiables, por lo que las verá utilizadas en letreros, exhibidores e incluso en pistas de aterrizaje de aeropuertos. ¿Alguna vez te has preguntado cómo funcionan y cómo se producen los diferentes colores de luz?

Conclusiones clave: luces de neón

- Una luz de neón contiene una pequeña cantidad de gas neón a baja presión.

- La electricidad proporciona energía para arrancar electrones de los átomos de neón, ionizándolos. Los iones son atraídos por los terminales de la lámpara, completando el circuito eléctrico.
- La luz se produce cuando los átomos de neón obtienen suficiente energía para excitarse. Cuando un átomo vuelve a un estado de menor energía, libera un fotón (luz).

Cómo funciona una luz de neón

Puedes hacer un letrero de neón falso tú mismo, pero las luces de neón reales consisten en un tubo de vidrio lleno de una pequeña cantidad (baja presión) de gas neón . El neón se utiliza porque es uno de los gases nobles . Una característica de estos elementos es que cada átomo tiene una capa electrónica llena, por lo que los átomos no reaccionan con otros átomos y se necesita mucha energía para eliminar un electrón.

Hay un electrodo en cada extremo del tubo. En realidad, una luz de neón funciona con CA (corriente alterna) o CC (corriente continua), pero si se usa corriente CC, el brillo solo se ve alrededor de un electrodo. La corriente alterna se utiliza para la mayoría de las luces de neón que ves.

Cuando se aplica un voltaje eléctrico a los terminales (aproximadamente 15.000 voltios), se suministra suficiente energía para eliminar un electrón externo de los átomos de neón. Si no hay suficiente voltaje, no habrá suficiente energía cinética para que los electrones escapen de sus átomos y no pasará nada. Los átomos de neón cargados positivamente (cationes) son atraídos por el terminal negativo, mientras que los electrones libres son atraídos por el terminal positivo. Estas partículas cargadas, llamadas plasma , completan el circuito eléctrico de la lámpara.

Entonces, ¿de dónde viene la luz? Los átomos en el tubo se mueven y se golpean entre sí. Se transfieren energía entre sí y además se produce mucho calor. Mientras algunos electrones escapan de sus átomos, otros ganan suficiente energía para "excitarse " . Esto significa que tienen un estado energético más alto. Estar excitado es como subir una escalera, donde un electrón puede estar en un peldaño particular de la escalera, no en cualquier lugar de su longitud. El electrón puede volver a su energía original (estado fundamental) liberando esa energía en forma de fotón (luz). El color de la luz que se produce depende de qué tan alejada esté la energía excitada de la energía original. Al igual que la distancia entre los peldaños de una escalera, este es un intervalo establecido. Entonces, cada electrón excitado de un átomo libera una longitud de onda característica de fotón. En otras palabras, cada gas noble excitado libera un color de luz característico. Para el neón, esta es una luz de color naranja rojizo.

Cómo se producen otros colores de luz

Ves muchos colores diferentes de señales, por lo que quizás te preguntes cómo funciona esto. Hay dos formas principales de producir otros colores de luz además del rojo anaranjado del neón. Una forma es utilizar otro gas o una mezcla de gases para producir colores. Como se mencionó anteriormente, cada gas noble libera un color de luz característico. Por ejemplo, el helio brilla en rosa, el criptón es verde y el argón es azul. Si los gases se mezclan, se pueden producir colores intermedios.

La otra forma de producir colores es recubrir el vidrio con un fósforo u otro químico que brille de un color determinado cuando se le aplique energía. Debido a la variedad de recubrimientos disponibles, la mayoría de las luces modernas ya no usan neón, sino que son lámparas fluorescentes que dependen de una descarga de mercurio/argón y un recubrimiento de fósforo. Si ves una luz clara brillando en un color, es una luz de gas noble.

Otra forma de cambiar el color de la luz, aunque no se utiliza en luminarias, es controlar la energía suministrada a la luz. Si bien normalmente se ve un color por elemento en una luz, en realidad hay diferentes niveles de energía disponibles para los electrones excitados, que corresponden a un espectro de luz que ese elemento puede producir.

Breve historia de la luz de neón

Heinrich Geissler (1857)

- Geissler es considerado el padre de las lámparas fluorescentes. Su "tubo Geissler" era un tubo de vidrio con electrodos en cada extremo que contenía un gas a una presión de vacío parcial. Experimentó arcos de corriente a través de varios gases para producir luz. El tubo fue la base de la luz de neón, la luz de vapor de mercurio, la luz fluorescente, la lámpara de sodio y la lámpara de halogenuros metálicos.

William Ramsay y Morris W. Travers (1898)

- Ramsay y Travers fabricaron una lámpara de neón, pero el neón era extremadamente raro, por lo que el invento no fue rentable.

Daniel McFarlan Moore (1904)

- Moore instaló comercialmente el "Tubo Moore", que hacía pasar un arco eléctrico a través de nitrógeno y dióxido de carbono para producir luz.

Georges Claude (1902)

- Si bien Claude no inventó la lámpara de neón, sí ideó un método para aislar el neón del aire, haciendo que la luz fuera asequible. La luz de neón fue demostrada por Georges Claude en diciembre de 1910 en el Salón del Automóvil de París. Claude inicialmente trabajó con el diseño de Moore, pero desarrolló su propio diseño de lámpara confiable y acaparó el mercado de las luces hasta la década de 1930.

Corrientes de convección en la ciencia, qué son y cómo funcionan

Las corrientes de convección son fluidos que se mueven porque hay una diferencia de temperatura o densidad dentro del material. Debido a que las partículas dentro de un sólido están fijas en un lugar, las corrientes de convección sólo se observan en gases y líquidos. Una diferencia de temperatura conduce a una transferencia de energía de un área de mayor energía a otra de menor energía.

La convección es un proceso de transferencia de calor . Cuando se producen corrientes, la materia se mueve de un lugar a otro. Entonces este también es un proceso de transferencia masiva.

La convección que se produce de forma natural se denomina convección natural o convección libre . Si un fluido circula mediante un ventilador o una bomba, se llama convección forzada . La celda formada por las corrientes de convección se denomina celda de convección o celda de Bénard .

Por qué se forman

Una diferencia de temperatura hace que las partículas se muevan, creando una corriente. En los gases y el plasma, una diferencia de temperatura también conduce a regiones de mayor y menor densidad, donde los átomos y las moléculas se mueven para llenar áreas de baja presión.

En resumen, los fluidos calientes suben mientras que los fluidos fríos descienden. A menos que esté presente una fuente de energía (p. ej., luz solar, calor), las corrientes de convección continúan sólo hasta que se alcanza una temperatura uniforme.

Los científicos analizan las fuerzas que actúan sobre un fluido para categorizar y comprender la convección. Estas fuerzas pueden incluir:

- Gravedad
- Tensión superficial
- Diferencias de concentración
- Campos electromagnéticos
- Vibraciones
- Formación de enlaces entre moléculas.

Las corrientes de convección se pueden modelar y describir utilizando ecuaciones de convección- difusión , que son ecuaciones de transporte escalares.

Ejemplos de corrientes de convección y escala de energía.

- Puedes observar corrientes de convección en agua hirviendo en una olla. Simplemente agregue algunos guisantes o trozos de papel para rastrear el flujo actual. La fuente de calor en el fondo de la olla calienta el agua, dándole más energía y haciendo que las moléculas se muevan más rápido. El cambio de temperatura también afecta la densidad del agua. A medida que el agua asciende hacia la superficie, una parte tiene suficiente energía para escapar en forma de vapor. La evaporación enfría la superficie lo suficiente como para hacer que algunas moléculas vuelvan a hundirse hacia el fondo del recipiente.

- Un ejemplo sencillo de corrientes de convección es el aire caliente que se eleva hacia el techo o el ático de una casa. El aire caliente es menos denso que el aire frío, por lo que asciende.

- El viento es un ejemplo de corriente de convección. La luz del sol o la luz reflejada irradia calor, creando una diferencia de temperatura que hace que el aire se mueva. Las áreas sombreadas o húmedas son más frescas o pueden absorber el calor, lo que aumenta el efecto. Las corrientes de convección son parte de lo que impulsa la circulación global de la atmósfera terrestre.

- La combustión genera corrientes de convección. La excepción es que la combustión en un ambiente de gravedad cero carece de flotabilidad, por lo que los gases calientes no se elevan naturalmente, lo que permite que oxígeno fresco alimente la llama. La convección mínima en gravedad cero hace que muchas llamas se ahoguen con sus propios productos de combustión.

- La circulación atmosférica y oceánica son el movimiento a gran escala de aire y agua (la hidrosfera), respectivamente. Los dos procesos funcionan en conjunto. Las corrientes de convección en el aire y el mar provocan condiciones meteorológicas .

- El magma del manto terrestre se mueve en corrientes de convección. El núcleo caliente calienta el material que se encuentra encima de él, lo que hace que se eleve hacia la corteza, donde se enfría. El calor proviene de la intensa presión sobre la roca, combinada con la energía liberada por la desintegración radiactiva natural de los elementos. El magma no puede seguir subiendo, por lo que se mueve horizontalmente y vuelve a descender.

- El efecto de chimenea o efecto chimenea describe corrientes de convección que mueven gases a través de chimeneas o conductos de humos. La flotabilidad del aire dentro y fuera de un edificio siempre es diferente debido a las diferencias de temperatura y humedad. Aumentar la altura de un edificio o una pila aumenta la magnitud del efecto. Este es el principio en el que se basan las torres de refrigeración.

- Las corrientes de convección son evidentes en el sol. Los gránulos que se ven en la fotosfera del sol son la parte superior de las células de convección. En el caso del sol y otras estrellas, el fluido es plasma en lugar de líquido o gas.

Datos y usos del didimio

Lo que necesita saber sobre el didimio

A veces se escuchan palabras que suenan como nombres de elementos, como didimio, coronio o dilitio . Sin embargo, cuando buscas en la tabla periódica, no encuentras estos elementos.

Conclusiones clave: didimio

- El didimio era un elemento de la tabla periódica original de Dmitri Mendeleev .
- Hoy en día, el didimio no es un elemento, sino una mezcla de elementos de tierras raras. Estos

elementos no estaban separados unos de otros en la época de Mendeleev.

- El didimio se compone principalmente de praseodimio y neodimio.
- El didimio se utiliza para colorear vidrio, fabricar gafas de seguridad que filtren la luz amarilla, preparar filtros fotográficos que sustraen la luz naranja y para fabricar catalizadores.
- Cuando se añade al vidrio, la mezcla adecuada de neodimio y praseodimio produce un vidrio que cambia de color según el ángulo desde el que se mira.

Definición de didimio

El didimio es una mezcla de los elementos de tierras raras praseodimio y neodimio y, a veces, de otras tierras raras. El término proviene de la palabra griega didumus , que significa gemelo, con la terminación -ium. La palabra suena como el nombre de un elemento porque hubo un tiempo en que el didimio se consideraba un elemento. De hecho, aparece en la tabla periódica original de Mendeleev.

Historia y propiedades del didimio

El químico sueco Carl Mosander (1797-1858) descubrió el didimio en 1843 a partir de una muestra de ceria (cerita) suministrada por Jons Jakob Berzelius. Mosander creía que el didimio era un elemento, lo cual es comprensible porque las tierras raras eran notoriamente difíciles de separar en ese momento. El elemento didimio tenía número atómico 95, el símbolo Di y un peso atómico basado en la creencia de que el elemento era divalente. De hecho, estos elementos de tierras raras son trivalentes, por lo que los valores de Mendeleev eran sólo alrededor del 67% del peso atómico real. Se sabía que el didimio era responsable del color rosado de las sales de ceria.

Per Teodor Cleve determinó en 1874 que el didimio debía estar formado por al menos dos elementos. En 1879, Lecoq de Boisbaudran aisló el samario de una muestra que contenía didimio, dejando a Carl Auer von Welsbach separar los dos elementos restantes en 1885. Welsbach nombró a estos dos elementos praseodidimio. (didimio verde) y neodidimio (didimio nuevo). La parte "di" de los nombres se eliminó y estos elementos pasaron a conocerse como praseodimio y neodimio.

Como el mineral ya se utilizaba para las gafas de los sopladores de vidrio, el nombre didimio permanece. La composición química del didimio no está fijada y la mezcla puede contener otras tierras raras además de praseodimio y neodimio. En los Estados Unidos, el "didimio" es el material que queda después de eliminar el cerio del mineral monacita . Esta composición contiene aproximadamente un 46% de lantano, un 34% de neodimio y un 11% de gadolinio , con una cantidad menor de samario y gadolinio. Si bien la proporción de neodimio y praseodimio varía, el didimio suele contener aproximadamente tres veces más neodimio que praseodimio. Por eso el elemento 60 es el que se denomina neodimio.

Usos del didimio

Aunque es posible que nunca hayas oído hablar del didimio, es posible que lo hayas encontrado:

- El didimio y sus óxidos de tierras raras se utilizan para colorear el vidrio . El vidrio es importante para las gafas de seguridad de herrería y soplado de vidrio. A diferencia de las gafas de soldador oscuras, el vidrio de didimio filtra selectivamente la luz amarilla, alrededor de 589 nm, lo que reduce el riesgo de cataratas de Glassblower y otros daños, al tiempo que preserva la visibilidad.
- El didimio también se utiliza en filtros fotográficos como filtro óptico de eliminación de banda. Elimina la porción naranja del espectro, lo

que lo hace útil para mejorar fotografías de paisajes otoñales.

- Se puede utilizar una proporción de 1:1 de neodimio y praseodimio para fabricar vidrio "heliolita", un color de vidrio ideado por Leo Moser en la década de 1920 que cambia de color de ámbar a rojo y verde dependiendo de la luz. Un color "Alejandrita" también se basa en elementos de tierras raras y exhibe cambios de color similares a los de la piedra preciosa alejandrita.

- El didimio también se utiliza como material de calibración de espectroscopia y para la fabricación de catalizadores de craqueo de petróleo.

Dato curioso sobre el didimio

Hay informes de que se utilizó vidrio de didimio para transmitir mensajes en código Morse a través de los campos de batalla en la Primera Guerra Mundial. El vidrio hizo que el brillo de la luz de la lámpara no pareciera cambiar notablemente para la mayoría de los espectadores, pero permitiría que un receptor que usara binoculares con filtro pudiera consulte el código de encendido/apagado en las bandas de absorción de luz.

10 datos de la tabla periódica

¿Sabías que se revisa periódicamente?

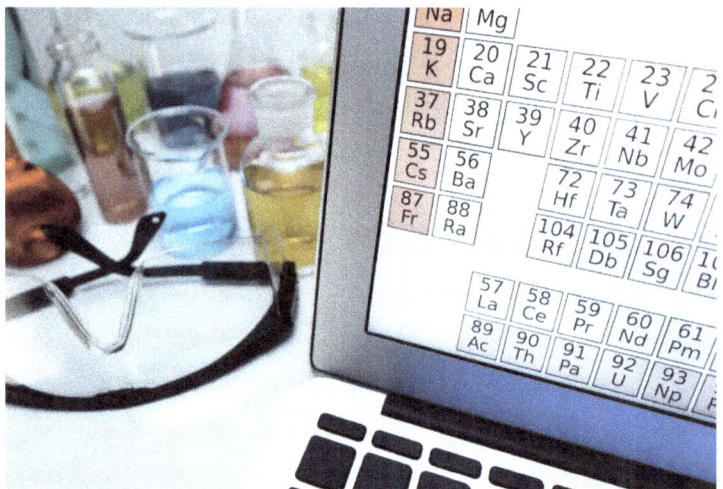

La tabla periódica es un cuadro que organiza los elementos químicos de una manera útil y lógica. Los elementos se enumeran en orden creciente de número atómico, alineados de modo que los elementos que exhiben propiedades similares estén ordenados en la misma fila o columna que otros.

La tabla periódica es una de las herramientas más útiles de la química y otras ciencias. Aquí hay 10 datos divertidos para aumentar tus conocimientos:

1. Aunque a Dmitri Mendeleev se le cita con mayor frecuencia como el inventor de la tabla periódica

moderna, su tabla fue solo la primera en ganar credibilidad científica. No fue la primera tabla que organizó los elementos según propiedades periódicas.

2. Hay alrededor de 94 elementos en la tabla periódica que se encuentran en la naturaleza. Todos los demás elementos son estrictamente creados por el hombre. Algunas fuentes afirman que se producen más elementos de forma natural porque los elementos pesados pueden hacer transición entre elementos a medida que sufren desintegración radiactiva.

3. El tecnecio fue el primer elemento producido artificialmente. Es el elemento más ligero que tiene únicamente isótopos radiactivos (ninguno es estable).

4. La Unión Internacional de Química Pura Aplicada, IUPAC, revisa la tabla periódica a medida que hay nuevos datos disponibles. Al momento de escribir este artículo, la versión más reciente de la tabla periódica se aprobó en diciembre de 2018.

5. Las filas de la tabla periódica se llaman períodos . El número de período de un elemento es el nivel

de energía no excitado más alto para un electrón de ese elemento.

6. Las columnas de elementos ayudan a distinguir grupos en la tabla periódica. Los elementos dentro de un grupo comparten varias propiedades comunes y, a menudo, tienen la misma disposición electrónica externa.

7. La mayoría de los elementos de la tabla periódica son metales. Los metales alcalinos , alcalinotérreos , metales básicos , metales de transición , lantánidos y actínidos son todos grupos de metales.

8. La tabla periódica actual tiene espacio para 118 elementos. Los elementos no se descubren ni se crean en orden de número atómico. Los científicos están trabajando en la creación y verificación de los elementos 119 y 120, que cambiarán la apariencia de la tabla, aunque estaban trabajando en el elemento 120 antes que en el 119. Lo más probable es que el elemento 119 se coloque directamente debajo del francio y el elemento 120 directamente debajo del radio. Los químicos pueden crear elementos mucho más pesados que pueden ser más estables debido a las

propiedades especiales de ciertas combinaciones de números de protones y neutrones.

9. Aunque se podría esperar que los átomos de un elemento crezcan a medida que aumenta su número atómico , esto no siempre ocurre porque el tamaño de un átomo está determinado por el diámetro de su capa electrónica. De hecho, los átomos de los elementos generalmente disminuyen de tamaño a medida que se mueve de izquierda a derecha a lo largo de una fila.

10. La principal diferencia entre la tabla periódica moderna y la tabla periódica de Mendeleev es que la tabla de Mendeleev dispuso los elementos en orden de peso atómico creciente, mientras que la tabla moderna ordena los elementos según el número atómico creciente. En su mayor parte, el orden de los elementos es el mismo en ambas tablas, aunque existen excepciones.

Definición y procesos de filtración (Química)

Filtración: qué es y cómo se hace

La filtración es un proceso que se utiliza para separar sólidos de líquidos o gases utilizando un medio filtrante que permite el paso del fluido pero no del sólido. El término "filtración" se aplica ya sea que el filtro sea mecánico, biológico o físico. El fluido que pasa a través del filtro se llama filtrado. El medio filtrante puede ser un filtro de superficie, que es un sólido que atrapa partículas sólidas, o un filtro de profundidad, que es un lecho de material que atrapa el sólido.

La filtración suele ser un proceso imperfecto. Algo de líquido permanece en el lado de alimentación del filtro o incrustado en el medio filtrante y algunas pequeñas partículas sólidas encuentran su camino a través del filtro. Como técnica de química e ingeniería, siempre se pierde algún producto, ya sea líquido o sólido que se recolecta.

Ejemplos de filtración

Si bien la filtración es una técnica de separación importante en un laboratorio, también es común en la vida cotidiana.

- Preparar café implica pasar agua caliente a través del café molido y un filtro. El café líquido es el filtrado. Reposar té es muy parecido, ya sea que uses una bolsita de té (filtro de papel) o una bola de té (generalmente, un filtro de metal).
- Los riñones son un ejemplo de filtro biológico. La sangre es filtrada por el glomérulo. Las moléculas esenciales se reabsorben en la sangre.
- Los aires acondicionados y muchas aspiradoras utilizan filtros HEPA para eliminar el polvo y el polen del aire.
- Muchos acuarios utilizan filtros que contienen fibras que capturan partículas.

- Los filtros de correa recuperan metales preciosos durante la minería.
- El agua de un acuífero es relativamente pura porque se ha filtrado a través de arena y roca permeable del suelo.

Métodos de filtración

Existen diferentes tipos de filtración. El método que se utilice depende en gran medida de si el sólido es una partícula (suspendida) o está disuelta en el fluido.

- **Filtración general:** la forma más básica de filtración es utilizar la gravedad para filtrar una mezcla. La mezcla se vierte desde arriba sobre un medio filtrante (por ejemplo, papel de filtro) y la gravedad empuja el líquido hacia abajo. El sólido queda sobre el filtro, mientras que el líquido fluye por debajo de él.

- **Filtración al vacío:** se utilizan un matraz Büchner y una manguera para crear un vacío para aspirar el fluido a través del filtro (generalmente con la ayuda de la gravedad). Esto acelera enormemente la separación y puede usarse para secar el sólido. Una técnica relacionada utiliza una bomba para formar una diferencia de presión en ambos lados del filtro. Los filtros de bomba no necesitan ser verticales porque la gravedad no es la fuente de la diferencia de presión en los lados del filtro.

- **Filtración en frío:** la filtración en frío se utiliza para enfriar rápidamente una solución, lo que provoca la formación de pequeños cristales . Este es un método utilizado cuando el sólido se disuelve inicialmente . Un método común es colocar el recipiente con la solución en un baño de hielo antes de la filtración.

- **Filtración en caliente:** En la filtración en caliente, la solución, el filtro y el embudo se calientan para minimizar la formación de cristales durante la filtración. Los embudos sin tallo son útiles porque hay menos superficie para el crecimiento de cristales. Este método se utiliza cuando los cristales obstruyen el embudo o impiden la cristalización del segundo componente de una mezcla.

A veces se utilizan auxiliares de filtración para mejorar el flujo a través de un filtro. Ejemplos de coadyuvantes de filtración son la sílice, la tierra de diatomeas, la perlita y la celulosa. Los auxiliares de filtración pueden colocarse en el filtro antes de la filtración o mezclarse con el líquido. Los auxiliares pueden ayudar a evitar que el filtro se obstruya y pueden aumentar la porosidad de la "torta" o alimentación del filtro.

Filtración versus tamizado

Una técnica de separación relacionada es el tamizado. El tamizado se refiere al uso de una sola malla o capa perforada para retener partículas grandes y permitir el paso de las más pequeñas. Por el contrario, durante la filtración, el filtro es una rejilla o tiene varias capas. Los fluidos siguen canales en el medio para pasar a través de un filtro.

Alternativas a la filtración

Existen métodos de separación más eficaces que la filtración para algunas aplicaciones. Por ejemplo, para muestras muy pequeñas en las que es importante recolectar el filtrado, el medio filtrante puede absorber demasiado líquido. En otros casos, demasiado sólido puede quedar atrapado en el medio filtrante.

Otros dos procesos que se pueden utilizar para separar sólidos de fluidos son la decantación y la centrifugación. La centrifugación implica hacer girar una muestra, lo que fuerza al sólido más pesado a caer al fondo de un recipiente. En la decantación , el líquido se sifona o se vierte del sólido después de que éste haya caído de la solución. La decantación se puede utilizar tras la centrifugación o sola.

¿El vidrio es líquido o sólido?

Estado de la cuestión del vidrio

El vidrio es una forma amorfa de materia . Es un sólido. Seguramente habrás escuchado diferentes explicaciones sobre si el vidrio debe clasificarse como sólido o como líquido. A continuación se ofrece un vistazo a la respuesta moderna a esta pregunta y la explicación detrás de ella.

Conclusiones clave: ¿Es el vidrio un líquido o un sólido?

- El vidrio es un sólido. Tiene una forma y volumen definidos. No fluye. Específicamente, es un sólido amorfo porque las moléculas de dióxido de silicio no están empaquetadas en una red cristalina.

- La razón por la que la gente pensaba que el vidrio podría ser un líquido era porque las ventanas de vidrio viejas eran más gruesas en la parte inferior que en la superior. El vidrio era más grueso en algunos lugares que en otros debido a la forma en que estaba hecho. Se instaló con la parte más gruesa hacia abajo porque era más estable.
- Si quieres ser técnico, el vidrio puede ser líquido cuando se calienta hasta que se derrite. Sin embargo, a temperatura y presión ambiente, se enfría y se convierte en un sólido.

¿Es el vidrio un líquido?

Considere las características de los líquidos y los sólidos. Los líquidos tienen un volumen definido , pero toman la forma de su recipiente. Un sólido tiene una forma fija y un volumen fijo. Entonces, para que el vidrio sea líquido tendría que poder cambiar su forma o fluir. ¿El vidrio fluye? ¡No, no lo hace!

Probablemente la idea de que el vidrio es un líquido surgió al observar vidrios de ventanas viejos, que son más gruesos en la parte inferior que en la superior. Esto da la apariencia de que la gravedad puede haber causado que el vidrio fluya lentamente.

Sin embargo, ¡el vidrio no fluye con el tiempo! El vidrio antiguo tiene variaciones de espesor debido a la forma en que fue fabricado. El vidrio soplado carecerá de uniformidad porque la burbuja de aire utilizada para diluir el vidrio no se expande uniformemente a través de la bola de vidrio inicial. El vidrio que se hiló en caliente también carece de un espesor uniforme porque la bola de vidrio inicial no es una esfera perfecta y no gira con perfecta precisión. El vidrio que se vertió cuando estaba fundido es más grueso en un extremo y más delgado en el otro porque el vidrio comenzó a enfriarse durante el proceso de vertido. Tiene sentido que el vidrio más grueso se forme en el fondo de un plato o se oriente de esta manera, para que el vidrio sea lo más estable posible.

El vidrio moderno se fabrica de tal manera que tenga un espesor uniforme. Cuando miras las ventanas de vidrio modernas, nunca ves que el vidrio se vuelve más grueso en la parte inferior. Es posible medir cualquier cambio en el espesor del vidrio mediante técnicas láser ; tales cambios no se han observado.

Vidrio flotado

El vidrio plano que se utiliza en las ventanas modernas se produce mediante el proceso de vidrio flotado. El vidrio fundido flota sobre un baño de estaño fundido. Se aplica nitrógeno a presión en la parte superior del vidrio para que adquiera un acabado suave como un espejo. Cuando el vidrio enfriado se coloca en posición vertical tiene y mantiene un espesor uniforme en toda su superficie.

Sólido amorfo

Aunque el vidrio no fluye como un líquido, nunca alcanza una estructura cristalina que mucha gente asocia con un sólido. Sin embargo, ¡conoces muchos sólidos que no son cristalinos! Los ejemplos incluyen un bloque de madera, un trozo de carbón y un ladrillo. La mayor parte del vidrio se compone de dióxido de silicio, que en realidad forma un cristal en las condiciones adecuadas. Conoces este cristal como cuarzo .

Definición física de vidrio

En física, un vidrio se define como cualquier sólido que se forma mediante enfriamiento rápido en estado fundido. Por tanto, el vidrio es macizo por definición.

¿Por qué el vidrio sería líquido?

El vidrio carece de una transición de fase de primer orden, lo que significa que no tiene volumen, entropía ni entalpía en todo el rango de transición vítrea. Esto distingue al vidrio de los sólidos típicos, de modo que en este aspecto se parece a un líquido. La estructura atómica del vidrio es similar a la de un líquido sobreenfriado. El vidrio se comporta como un sólido cuando se enfría por debajo de su temperatura de transición vítrea . Tanto en vidrio como en cristal, el movimiento de traslación y rotación es fijo. Permanece un grado vibratorio de libertad.

¿Puedes romper un vaso con tu voz?

Cómo romper un vaso sin ser cantante de ópera

¿Realidad o ficción?: Puedes romper un vaso con solo tu voz.

Hecho. Si generas un sonido, con tu voz u otro instrumento que coincida con la frecuencia de resonancia del vaso, produce una interferencia constructiva , aumentando la vibración del vaso. Si la vibración excede la fucrza de los enlaces que mantienen unidas las moléculas , romperás el vidrio. Esto es física simple:

fácil de entender, pero más difícil de hacer . ¿Es posible? ¡Sí! De hecho, los Cazadores de Mitos cubrieron esto en uno de sus episodios e hicieron un video en YouTube de un cantante rompiendo una copa de vino. Si bien se utiliza una copa de vino de cristal, es un cantante de rock quien logra la hazaña, lo que demuestra que no es necesario ser cantante de ópera para hacerlo. Sólo tienes que tocar el tono correcto y hacer ruido . Si no tienes voz alta, puedes utilizar un amplificador.

Rompe un vaso con tu voz

¿Listo para intentarlo? Esto es lo que haces:

- Ponte gafas de seguridad . Vas a romper un vaso y probablemente tendrás tu cara cerca cuando se rompa. ¡Minimiza el riesgo de cortarte!
- Si está utilizando un micrófono y un amplificador, es una buena idea usar protección para los oídos y alejar el amplificador de usted.
- Golpee un vaso de cristal o frote un dedo húmedo a lo largo del borde del vaso para escuchar su tono. Las copas de vino funcionan especialmente bien porque suelen estar hechas de vidrio fino.
- Cante un sonido "ah" con el mismo tono que el vaso. Si no estás usando un micrófono, probablemente necesitarás el vaso cerca de tu boca ya que la intensidad de la energía del sonido disminuye con la distancia.

246

- Aumenta el volumen y la duración del sonido hasta que el cristal se rompa. Tenga en cuenta que pueden ser necesarios varios intentos y, además, ¡algunos vasos son mucho más fáciles de romper que otros!
- Deseche con cuidado los vidrios rotos.

Consejos para el éxito

- Si no estás seguro de que el vaso esté vibrando o de que tengas el tono correcto, puedes colocar una pajita en el vaso. Desliza tu tono hacia arriba y hacia abajo hasta que veas que la pajita tiembla. ¡Ese es el tono que quieres!
- Si bien son más frágiles y es más fácil igualar el paso preciso de un vaso de cristal, existe cierta evidencia de que es más fácil romper el vidrio barato común. Los vasos de cristal requieren más de 100 decibeles para romperse porque son... bueno... cristal . El vidrio común es un sólido amorfo que puede ser más fácil de romper (80-90 decibeles). No descartes un vaso para tu proyecto sólo porque no es "cristal".
- Si no puedes igualar el tono del vaso, ten en cuenta que puedes romperlo cantando una octava más baja o más alta que su frecuencia.

¿Has roto un vaso con tu voz?

Por qué la materia cambia de estado

Ciencia de por qué una sustancia cambia de estado.

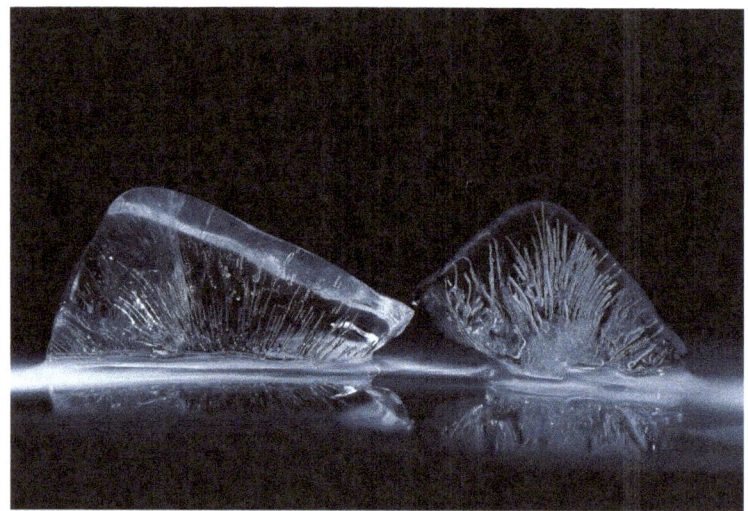

Has observado que la materia cambia de estado, como cuando un cubo de hielo se derrite de sólido a agua líquida o el agua se convierte en vapor, pero ¿sabes por qué cambia una sustancia? Esto se debe a que la materia se ve afectada por la energía. Si una sustancia absorbe suficiente energía, los átomos y las moléculas se mueven más. El aumento de energía cinética puede separar las partículas lo suficiente como para cambiar de forma. Además, el aumento de energía afecta a los electrones que rodean a los átomos, permitiéndoles en ocasiones romper enlaces químicos o incluso escapar del núcleo de sus átomos.

Todo es cuestión de energía

Normalmente, esta energía es calor o energía térmica. El aumento de temperatura es una medida del aumento de energía térmica, que puede hacer que los sólidos cambien a líquidos, a gases, a plasma y a estados adicionales. La disminución de la temperatura invierte la progresión, por lo que un gas puede convertirse en líquido y luego congelarse y convertirse en sólido.

La presión también influye. Las partículas de una sustancia buscan la configuración más estable. A veces, la combinación de temperatura y presión permite que una sustancia "salte" la transición de fase, por lo que un sólido puede pasar directamente a la fase gaseosa o un gas puede convertirse en sólido, sin ningún estado intermedio líquido.

Otras formas de energía además de la energía térmica pueden cambiar el estado de la materia. Por ejemplo, agregar energía eléctrica puede ionizar átomos y convertir un gas en plasma. La energía de la luz puede romper los enlaces químicos para convertir un sólido en líquido. A menudo, un material absorbe tipos de energía y se transforma en energía térmica.

Lista de cambios de fase entre estados de la materia

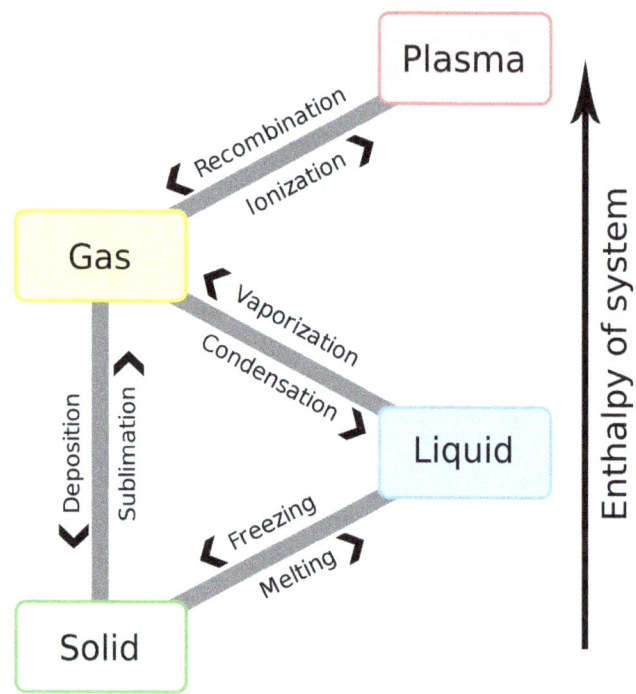

La materia sufre cambios de fase o transiciones de fase de un estado de la materia a otro. A continuación se muestra una lista completa de los nombres de estos cambios de fase. Los cambios de fase más comúnmente conocidos son aquellos seis entre sólidos, líquidos y gases . Sin embargo, el plasma también es un estado de la materia, por lo que una lista completa requiere los ocho cambios de fase en total.

¿Por qué ocurren los cambios de fase?

Los cambios de fase generalmente ocurren cuando se altera la temperatura o presión de un sistema. Cuando la temperatura o la presión aumentan, las moléculas interactúan más entre sí. Cuando la presión aumenta o la temperatura disminuye, es más fácil para los átomos y las moléculas asentarse en una estructura más rígida. Cuando se libera presión, es más fácil que las partículas se alejen unas de otras.

Por ejemplo, a presión atmosférica normal, el hielo se derrite a medida que aumenta la temperatura. Si mantuviera la temperatura constante pero redujera la presión, eventualmente llegaría a un punto en el que el hielo se sublimaría directamente hasta convertirse en vapor de agua.

1- Fusión (sólido → líquido)

Este ejemplo muestra un cubo de hielo derritiéndose en agua. La fusión es el proceso por el cual una sustancia pasa de la fase sólida a la fase líquida.

2- Congelación (líquido → sólido)

Este ejemplo muestra la congelación de crema azucarada para obtener helado. La congelación es el proceso mediante el cual una sustancia cambia de líquido a sólido. Todos los líquidos, excepto el helio, se congelan cuando la temperatura es lo suficientemente fría.

3- Vaporización (Líquido → Gas)

Esta imagen muestra la vaporización del alcohol en su vapor. La vaporización, o evaporación, es el proceso por el cual las moléculas experimentan una transición espontánea de una fase líquida a una fase gaseosa.

4- Condensación (Gas → Líquido)

Esta foto muestra el proceso de condensación del vapor de agua en gotas de rocío. La condensación, lo opuesto a la evaporación, es el cambio de estado de la materia de la fase gaseosa a la fase líquida.

5- Deposición (Gas → Sólido)

Esta imagen muestra la deposición de vapor de plata en una cámara de vacío sobre una superficie para formar una capa sólida para un espejo. La deposición es la sedimentación de partículas o sedimentos sobre una superficie. Las partículas pueden originarse a partir de un vapor, una solución , una suspensión o una mezcla . La deposición también se refiere al cambio de fase de gas a sólido.

6- Sublimación (Sólido → Gas)

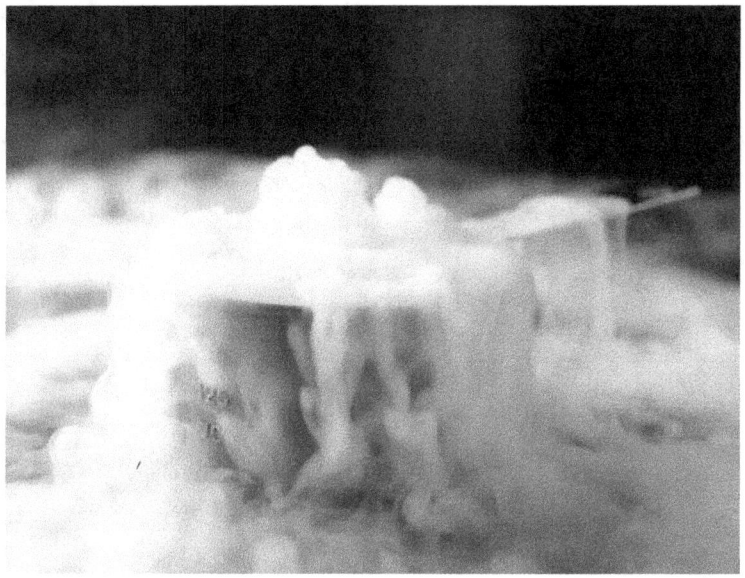

Este ejemplo muestra la sublimación de hielo seco (dióxido de carbono sólido) en dióxido de carbono gaseoso. La sublimación es la transición de una fase sólida a una fase gaseosa sin pasar por una fase líquida intermedia. Otro ejemplo es cuando el hielo se convierte directamente en vapor de agua en un día frío y ventoso de invierno.

7- Ionización (Gas → Plasma)

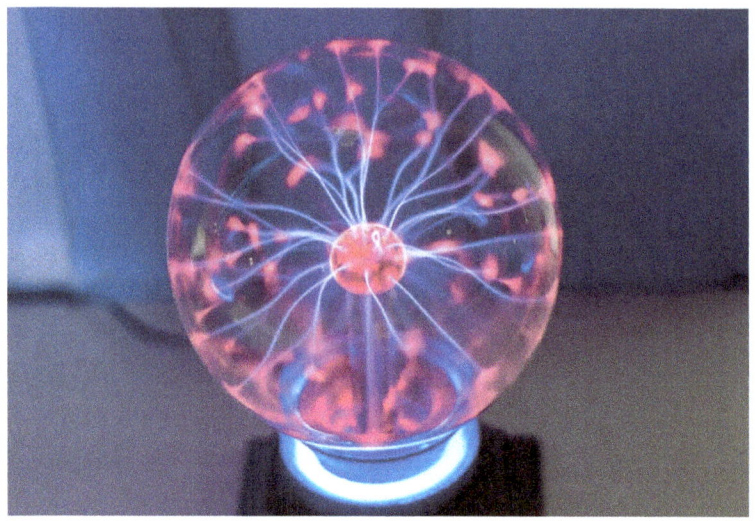

Esta imagen captura la ionización de partículas en la atmósfera superior para formar la aurora. Se puede observar ionización dentro de un juguete novedoso con bola de plasma. La energía de ionización es la energía necesaria para eliminar un electrón de un átomo o ion gaseoso .

8- Recombinación (Plasma → Gas)

Apagar una luz de neón permite que las partículas ionizadas regresen a la fase gaseosa llamada recombinación, la combinación de cargas o transferencia de electrones en un gas que resulta en la neutralización de iones, explica AskDefine .

Cambios de fase de los estados de la materia

Otra forma de enumerar los cambios de fase es por estados de la materia:

- **Sólidos:** Los sólidos pueden fundirse y convertirse en líquidos o sublimarse en gases.

Los sólidos se forman por deposición de gases o congelación de líquidos.

- **Líquidos:** Los líquidos pueden vaporizarse y convertirse en gases o congelarse y convertirse en sólidos. Los líquidos se forman por condensación de gases y fusión de sólidos.

- **Gases:** Los gases pueden ionizarse formando plasma, condensarse formando líquidos o depositarse formando sólidos. Los gases se forman por la sublimación de sólidos, la vaporización de líquidos y la recombinación de plasma.

- **Plasma:** El plasma puede recombinarse para formar un gas. El plasma se forma con mayor frecuencia a partir de la ionización de un gas, aunque si hay suficiente energía y suficiente espacio disponible, presumiblemente es posible que un líquido o un sólido se ionice directamente en un gas.

Los cambios de fase no siempre son claros al observar una situación. Por ejemplo, si observa la sublimación del hielo seco en gas dióxido de carbono, el vapor blanco que se observa es principalmente agua que se condensa a partir del vapor de agua en el aire en gotas de niebla.

Pueden ocurrir múltiples cambios de fase a la vez. Por ejemplo, el nitrógeno congelado formará tanto la fase líquida como la fase de vapor cuando se exponga a temperatura y presión normales.

¿El fuego es gas, líquido o sólido?

Los antiguos griegos y los alquimistas pensaban que el fuego era en sí mismo un elemento, junto con la tierra, el aire y el agua. Sin embargo, la definición moderna de elemento se relaciona con la cantidad de protones que posee una sustancia pura . El fuego está formado por muchas sustancias diferentes, por lo que no es un elemento.

En su mayor parte, el fuego es una mezcla de gases calientes. Las llamas son el resultado de una reacción química, principalmente entre el oxígeno del aire y un combustible, como la madera o el propano. Además de otros productos, la reacción produce dióxido de carbono, vapor, luz y calor . Si la llama está lo suficientemente caliente, los gases se ionizan y pasan a otro estado de la materia: el plasma. Quemar un metal, como el magnesio, puede ionizar los átomos y formar plasma. Este tipo de oxidación es la fuente de la intensa luz y calor de una antorcha de plasma.

Si bien en un incendio normal se produce una pequeña cantidad de ionización, la mayor parte de la materia de la llama es un gas. Por tanto, la respuesta más segura para "¿Cuál es el estado de la materia en el fuego?" es decir que es un gas. O se puede decir que es principalmente gas, con una cantidad menor de plasma.

Diferentes partes de una llama

Hay varias partes de una llama; cada uno está compuesto de diferentes sustancias químicas.

- Cerca de la base de una llama, el oxígeno y el vapor de combustible se mezclan como gas no quemado. La composición de esta parte de la llama depende del combustible que se esté utilizando.

- Arriba está la región donde las moléculas reaccionan entre sí en la reacción de combustión . Nuevamente, los reactivos y productos dependen de la naturaleza del combustible.

- Por encima de esta región, la combustión es completa y se pueden encontrar los productos de la reacción química. Normalmente se trata de vapor de agua y dióxido de carbono. Si la combustión es incompleta, el incendio también puede desprender pequeñas partículas sólidas de hollín o ceniza. Pueden liberarse gases adicionales debido a una combustión incompleta, especialmente de combustible "sucio", como monóxido de carbono o dióxido de azufre.

Si bien es difícil verlo, las llamas se expanden hacia afuera como otros gases. En parte, esto es difícil de observar porque sólo vemos la parte de la llama que está lo suficientemente caliente como para emitir luz. Una llama no es redonda (excepto en el espacio) porque los gases calientes son menos densos que el aire circundante, por lo que se elevan.

El color de la llama es una indicación de su temperatura y de la composición química del combustible. Una llama emite luz incandescente, lo que significa que la luz con mayor energía (la parte más caliente de la llama) es azul, y la de menor energía (la parte más fría de la llama) es más roja. La química del combustible también influye, y esta es la base de la prueba de llama para identificar la composición química. Por ejemplo, una llama azul puede parecer verde si hay presente una sal que contiene boro.

QUIERES APRENDER CIENCIAS CON CURSOS DESDE CERO

Te invito para que puedas enriquecer más tus conocimiento en algunas de estas áreas

CURSO DE QUÍMICA DESDE CERO
https://hotm.art/QUIMICA

CURSO DE BIOLOGÍA DESDE CERO
https://hotm.art/BIOLOGIA

CURSO DE MATEMÁTICA DESDE CERO
https://hotm.art/MATEMATICASUPER

CURSO DE FÍSICA DESDE CERO
https://hotm.art/FISICA

Cada uno de estos cursos tiene un valor de 67 USD cuando entre la misma plataforma te dará el precio en base tu moneda.

Si te interesa varios cursos de esto estamos dando un 30% de descuento en los adicionales. Es decir que el adicional te saldria en 47 USD

En este link puedes añadir el principal de libro de Química y los demás adicionales que quieras agregar

https://hotm.art/OFERTACURSOS

Nuestras redes sociales

Instagram Principal: @IngenieriaQuimica
https://www.instagram.com/ingenieriaquimica/

Instagram del Alquimista Petrificado
@ElAlquimistaPetrificado
https://www.instagram.com/elalquimistapetrificado

TikTok Principal: @IngeneriaQuimica
https://www.tiktok.com/@ingeneriaquimica

YouTube Principal: @Amantealaciencia
https://www.youtube.com/@amantealaciencia

Otras cuentas en Instagram y TikTok:
@Eldejavucuantico
@ElAlquimistaPetrificado

NUEVO LIBRO DIGITAL

Para más información:
https://hotm.art/ElDejaVuCuantico

www.ingramcontent.com/pod-product-compliance
Lightning Source LLC
Chambersburg PA
CBHW070413290526
45791CB00005B/1711